SYNOPSIS

DES

HÉMIPTÈRES-HÉTÉROPTÈRES

DE FRANCE

PAR LE DOCTEUR PUTON,

Membre des Sociétés Entomologiques de France, de Belgique, de Suisse, d'Italie, de Berlin, de la Société I.-R. de Zoologie et de Botanique de Vienne, de la Société des Sciences, de l'Agriculture et des Arts de Lille, etc.

OUVRAGE HONORÉ DU PRIX DOLLFUS PAR LA SOCIÉTÉ ENTOMOLOGIQUE DE FRANCE

Extrait des *Mémoires de la Société des Sciences, de l'Agriculture et des Arts de Lille.*

DEUXIÈME VOLUME.

REMIREMONT,
chez l'Auteur.

1881.

SYNOPSIS

DES

HÉMIPTÈRES-HÉTÉROPTÈRES

DE FRANCE.

Par le Docteur PUTON.

QUATRIÈME PARTIE.

Famille des PENTATOMIDES.

Corps large, ovalaire, épais. Tête engagée dans le pronotum jusqu'aux yeux; ses bords dilatés, plus ou moins tranchants; sa face antérieure et supérieure formée par deux lobes latéraux (les joues) et un lobe intermédiaire (l'épistome ou clypeus). Des ocelles sur le vertex, entre et derrière les yeux. Bec quadriarticulé, le premier article entièrement ou partiellement logé dans un sillon au-dessous de la tête; ce sillon complété par un replis inférieur des joues, qui forment des lames rostrales ou génales (pièces prébasilaires Muls.) de longueur et de hauteur variables. Antennes à cinq articles, ordinairement subfiliformes ou très peu renflées au sommet, insérées sur un tubercule antennifère presque toujours caché en haut par les joues; le premier article moins avancé que le bord antérieur de la tête. Pronotum ordinairement plus large que long, pentagonal ou hexagonal. Écusson grand, au moins aussi long que la moitié de l'abdomen. Ailes supérieures formées d'une corie et d'un clavus coriaces et d'une membrane; le clavus quelquefois membraneux (*Scutelleridæ*). Membrane avec des nervures longitudinales plus ou moins nombreuses (5 à 20), partant d'une nervure parallèle à la base ou de la base même (*Scutelleridæ, Cydnini*). Pattes de longueur médiocre ; les tibias le plus souvent sillonnés en-dessus, épineux ou mutiques. Tarses triarticulés, quelquefois biarticulés (*Plataspidæ* et *Acanthosomini*) ; deux ongles et deux appendices en crochet entre les ongles. Abdomen avec six segments stigmatifères, le premier moins long que les suivants, quelquefois (*Cydnini*) entièrement caché. Femelle avec trois segments génitaux formant sept à huit plaques ; mâle avec un seul segment génital, excepté chez les *Acanthosomini* qui en ont deux.

Insectes vivant sur les végétaux dont ils sucent les sucs. Un assez grand nombre, surtout les *Asopini*, vivent de petits insectes (pucerons, larves, etc) ; quelques uns (*Cydnini, Odontoscelis*) se trouvent dans le sable.

Plusieurs Diptères vivent en parasites à l'état de larve dans le corps des Pentatomides. L. Dufour a obtenu du *Rhaphigaster grisea* l'*Ocyptera bicolor* et la *Phasia crassipennis* (Soc. Ent. 1848. 428). M. Kunckel a obtenu du même insecte le *Gymnosoma rotundatum*, dont il a publié les métamorphoses. (Soc. Ent. Fr. 1879. 349).

TABLEAU DES SOUS-FAMILLES.

1 (4) Écusson très grand, largement arrondi à l'extrémité, non triangulaire, aussi long ou presque aussi long que l'abdomen, couvrant la membrane, le clavus et une partie de la corie. Pas de bandelettes (*frenum*) sur ses côtés. Corie réduite à une bande externe coriace, la partie interne membraneuse.

2 (3) Tarses biarticulés. Elytres bien plus longues que le corps, munies au côté externe d'une articulation qui leur permet de se replier transversalement sous l'écusson. Bec inséré à la base de la tête, loin du labre. Écusson finement rebordé sur ses bords latéraux et postérieur.

PLATASPIDÆ.

3. (2) Tarses triarticulés. Elytres pas plus longues que l'abdomen et sans articulation latérale. Bec inséré au sommet de la tête près du labre. Écusson tranchant sur ses bords, non rebordé.

SCUTELLERIDÆ.

4. (1) Écusson triangulaire, moins long que l'abdomen, ne couvrant ni

la membrane ni le clavus. Une bandelette (*frenum*) [1] sur les côtés de l'écusson. Corie et clavus entièrement coriaces.

PENTATOMIDÆ

Subf. I. PLATASPIDÆ.

Un seul genre en Europe.

COPTOSOMA. *Lap.*

1. C. GLOBUS. *Fab.* (*scarabæoïdes.* Rossi). — Suborbiculaire et hémisphérique. D'un noir bronzé verdâtre ou bleuâtre, très brillant, finement et assez densement ponctué ; base des antennes, genoux, sommet des tibias et tarses roux, ainsi que une tache sur chaque segment du connexivum. Poitrine opaque, grise. Extrémité de l'écusson fortement échancrée chez le mâle, faiblement chez la femelle. L. 4-4 $^1/_2$.

Toute la France, excepté le département du nord ; assez commun sur diverses plantes : *Coronilla* (Fieber), *Lathyrus* (Samie).

Subf. II SCUTELLERIDÆ.

TABLEAU DES TRIBUS.

1. (2) Écusson plus large en avant que la base du pronotum, c'est-à-dire que la partie comprise entre les angles postérieurs [2] de celui-ci Nervures costale et sous-costale des ailes inférieures distantes, formant entre-elles une cellule assez grande ; un hamus (excepté Corimelænaria).

SCUTELLERINI.

(1) Le *frenum* est une bandelette élevée, qui forme un rebord sur les côtés de l'écusson, surtout visible à la base où il détermine une sorte de rainure dans laquelle vient se loger le bord interne du clavus qui ne peut ainsi passer sous l'écusson comme dans les *Scutelleridæ*.

(2) Les angles postérieurs du pronotum sont dans ces insectes au bord postérieur même du pronotum et ne doivent pas être confondus avec les angles latéraux postérieurs ou huméraux.

2. (1) Ecusson pas plus large en avant que la base du pronotum, c'est à-dire que la partie comprise entre les angles postérieurs de celui-ci. (Nervures costale et sous-costale des ailes inférieures rapprochées, parallèles ; pas de hamus. Orifices odorifiques toujours distincts).

GRAPHOSOMINI.

Trib. I. SCUTELLERINI.

TABLEAU DES DIVISIONS.

1. (2) Premier segment de l'abdomen caché, réduit à un rebord lisse (1) (Corps hémisphérique, glabre ; orifices odorifiques distincts).

CORIMELAENARIA.

2. (1) Premier segment du ventre ponctué comme les suivants et bien apparent, quoique n'ayant environ que la moitié de la longueur du deuxième.

3. (4) Tête plus large que longue, semi-circulaire en avant. Bord antérieur des propleures peu avancé en lames, ne dépassant pas le bord postérieur des yeux et laissant à découvert l'insertion des antennes. (Corps poilu ; pattes fortement épineuses ; orifices odorifiques indistincts).

ODONTOSCELARIA

4. (3) Tête plus longue que large ou aussi longue, triangulaire ou subquadrangulaire. Bord antérieur des propleures avancé en lames dépassant le niveau du bord antérieur des yeux, cachant l'insertion des antennes et formant ainsi une gouttière où se loge au repos la base des antennes.

(1) Ce caractère a fait mettre par plusieurs auteurs les *Corimelæna* dans les Cydniens ; mais ce rapprochement me parait forcé ; d'ailleurs les *Eucoria*, qui ont les pattes mutiques, ne peuvent être éloignés des *Corimelaena* et les *Odontoscelis*, qui ont le premier segment bien apparent sont au moins aussi voisins des Cydniens.

5. (6) Ventre sillonné longitudinalement. Sillon des meso et metasternum limité de chaque côté par une. lame élevée, foliacée.

Elvisuraria.

6. (5) Ventre non sillonné longitudinalement. Sillon des meso et métasternum sans lame foliacée de chaque côté.

7. (8) Orifices odorifiques indistincts.

Odontotarsaria.

8. (7) Orifices odorifiques distincts.

Eurygastraria

Div. 1. CORIMELÆNARIA.

TABLEAU DES GENRES.

1. (2) Tibias mutiques. Bord antérieur des propleures non avancé en lames tranchantes en avant, atteignant à peine le niveau du bord postérieur des yeux et laissant à découvert l'insertion des antennes.

Eucoria.

2. (1) Tibias épineux. Bord antérieur des propleures avancé en lames tranchantes en avant, atteignant presque le niveau du bord antérieur des yeux et couvrant l'insertion des antennes

Corimelæna.

EUCORIA. *Mls. R.*

1. E. Marginipennis. *Mls. R.* — Brièvement ovalaire, convexe, brillant, d'un noir verdâtre bronzé, à ponctuation assez espacée, excepté sur la tête où elle est plus dense. Exocorie et base de la mesocorie d'un blanc d'ivoire. Antennes et tarses roussâtres. Tête triangulaire, finement carénée au bord antérieur mais non réfléchie ; épistome dépassant un peu les joues et lisse à l'extrémité. L. 3.

Cet insecte est probablement un exotique importé ; l'exemplaire de ma collection a été trouvé à Marseille dans des laines étrangères ; l'exemplaire décrit par Mulsant provenait aussi de Marseille de M. Wachanru, qui recherchait particulièrement des insectes dans les produits importés. M. Signoret m'a donné, sous le nom de *Thyreocoris pulicaria. Germ*, un insecte du Brésil identique au mien, mais M. Reuter m'écrit de Berlin que le type de Germar a les tibias épineux.

CORIMELÆNA *White.*

(COREOMELAS. *Am.* THYREOCORIS. *Schr. Stål*).

1. C. SCARABÆOÏDES. *Lin.*— Brièvement ovalaire, convexe, assez brillant, d'un bronzé foncé, à ponctuation forte et serrée ; base des antennes et tarses plus ou moins roussâtres. Bord antérieur de la tête finement réfléchi ; épistome au même niveau en avant que les joues. L. 3-4 $^1/_2$.

Toute la France et la Corse, en fauchant dans les prairies, surtout sur les Renonculacées.

Obs. Le *C. Fulvinervis.* Scott, d'Espagne, en est très voisin, mais plus grand (5 m.), à ponctuation plus forte, plus rugueuse et à exocorie roussâtre.

DIV. 2. ODONTOSCELARIA.

TABLEAU DES GENRES.

1. (2) Corps longuement poilu. Marge du pronotum entière, non incisée avant l'angle latéral postérieur.

ARCTOCORIS.

2. (1) Corps courtement poilu. Marge du pronotum incisée avant l'angle latéral postérieur.

ODONTOSCELIS.

ARCTOCORIS. *H-S.*

(IROCHROTUS. *A-S*).

1. A. LANATUS. *Pall.* (*hirtus. Costa. maculiventris. Germ.*)— Ovalaire, convexe, noir, ponctué, couvert d'une pubescence laineuse serrée, grise et hérissé de longues soies de même couleur ; antennes et tarses ferrugineux. Pronotum avec un profond sillon transverse, qui de

chaque côté se continue en arrière avec un sillon latéral sur le lobe postérieur. — Mâle, avec une large ligne médiane lisse sur le ventre et quelquefois deux taches blanchâtres. L. 9-10.

Cette espèce se rencontrera probablement en Corse et peut-être en Provence. Elle se trouve en Italie, mais je n'en ai pas encore vu d'exemplaires de France.

ODONTOSCELIS. *Lap.*

1. (2) Antennes noires, deuxième article une fois et demie aussi long que le troisième. Dessus du corps sans pubescence argentée. Sutures génales non prolongées sur le vertex. Taille plus grande.

1. O. Fuliginosa. *L.*— Très courtement ovale, régulièrement convexe, cilié de brun latéralement et couvert en dessus d'une pubescence courte, brune ; densement ponctué, opaque. Dessus du corps tantôt noir ou brun, vaguement varié de jaunâtre (*Fuliginosa*), tantôt avec trois lignes longitudinales jaunes plus ou moins entières sur l'écusson, les latérales bordées intérieurement de noir velouté ; le pronotum quelquefois aussi avec une courte ligne médiane jaunâtre. L. 7-9.

Lieux sablonneux d'une grande partie de la France : Dunkerque, Metz, Charente, Lyon, Dijon, Isère, Ain, Montpellier, Provence, Corse, etc.

2. (1) Antennes jaunâtres au moins sur les deux premiers articles ; deuxième article à peine plus long que le troisième. Dessus du corps avec une pubescence argentée plus ou moins disposée en bandes vagues, longitudinales, peu apparentes. Sutures génales prolongées sur le vertex. Taille plus faible.

2. O. Dorsalis. *Fab.* (*Plagiata et signata. Fieb.*).— Même forme que le précédent et très variable de couleur comme lui, mais toujours moins noir et en grande partie jaunâtre sur l'écusson et la partie postérieure du pronotum ; l'écusson ordinairement avec trois lignes longitudinales d'un jaunâtre plus pâle que la couleur foncière et plus ou moins bordées de lignes noires, qui subsistent quand les lignes pâles disparaissent. Extrémité des tibias et tarses ferrugineux. L. 4-6.

Habite plus particulièrement le sable des dunes du Nord, de la Charente, des Landes et de la Provence; plus rarement dans l'intérieur, Languedoc, Aubenas, etc.

Div. 3. ELVISURARIA.

SOLENOSTETHIUM. *Spin.*

(COELOGLOSSA *Germ.*)

1. S. LYNCEUM. *Fab.* — Ovalaire, convexe, roux, parsemé de points noirs. Ecusson ayant de chaque côté avant l'extrémité une tache arrondie, pâle et bordée de noir. Poitrine et ventre plus ou moins marbrés de brun. L. 15.

Non encore trouvé en France, mais se rencontrera probablement en Corse.

Div. 4. ODONTOTARSARIA.

TABLEAU DES GENRES.

1. (2) Tête en quadrilatère en avant des yeux; ceux-ci subpédonculés, très saillants. Écusson non prolongé en pointe au-delà de l'abdomen. Chaque segment du connexivum avec un tubercule à l'extrémité. Côtés du pronotum fortement sinués après l'angle antérieur qui est très saillant.

PHIMODERA.

2. (1) Tête triangulaire; yeux peu saillants. Ècusson prolongé en pointe mousse au-delà de l'abdomen. Côté du pronotum non sinué après l'angle antérieur qui est peu saillant.

ODONTOTARSUS.

PHIMODERA. *Germ.*

1. P. Galgulina. *H.-S.* — D'un gris jaunâtre pâle, plus ou moins orné de macules ou de lignes formées de points noirs ; très variable pour la couleur ; opaque, ponctué ; de petits tubercules blancs, élevés, plus ou moins nombreux sur le pronotum et l'écusson. Pronotum avec les angles antérieurs largement pâles, sans points noirs, ainsi que la ligne médiane et des bandes obliques plus ou moins vagues de chaque côté. Écusson avec une grande tache pâle de chaque côté de la base jusqu'au bord externe, cette tache échancrée en arrière, le reste plus ou moins noir varié de pâle, ou pâle ponctué de noir. Pattes plus ou moins ponctuées et maculées de noir ; trochanters postérieurs et intermédiaires armés d'une épine, les antérieurs avec un tubercule. J'ai vu un exemplaire des Landes presque entièrement noir avec une belle tache blanchâtre de chaque côté de la base de l'écusson. L. 5 $^1/_2$-6.

Très rare en France, où elle n'a encore été trouvée que dans les Landes. Je l'y ai prise en juillet à Capbreton avec M. Duverger. Elle vit sous les touffes de serpolet dans le sable des dunes.

ODONTOTARSUS. *Lap.*

1. (2). Écusson dépassant à peine l'abdomen et non relevé à l'extrémité qui est tronquée-arrondie et aussi large que la base de la tête. Connexivum et flancs du ventre sans tubercules.

1. O. Grammicus. *Lin.* (*Purpureolineatus.* Rossi). Elliptique, convexe, glabre, ponctué, d'un jaunâtre pâle, à bandes longitudinales irrégulières, brunâtres, violacées ou noirâtres ou bordées de noirâtre, celles-ci formées par des points noirs. Deux lignes noires sur la tête. Pronotum avec quatre bandes longitudinales plus ou moins vagues, plus apparentes sur la deuxième moitié. Écusson avec quatre bandes longitudinales ; les juxta-médianes plus apparentes à la base et raccourcies en arrière, les juxta-latérales courbées et prolongées jusqu'à l'extrémité de l'écusson où elles deviennent noires, sont irrégulières en avant. Dessous du corps et pattes flaves plus ou moins ponctués de noir. Varie beaucoup pour les couleurs ; quelquefois les bandes sont fauves, à peine bordées de noir. L. 9-11.

Commun dans toute la France méridionale, sur les coteaux secs et sur diverses plantes ; plus rare dans la France moyenne : Lyon, Moulins, Rouen, Ile-Adam, Langres, Alsace, etc.

2. (1) Écusson formant un prolongement caudiforme, un peu relevé, dépassant l'abdomen de deux millimètres, tronqué à son extrémité qui est à peine plus large que la base de l'épistome. Connexivum tuberculeux à l'extrémité de chacun de ses segments. Un tubercule élevé sur les flancs de chaque segment ventral en dedans des stigmates.

1. O. Caudatus. *Kl.* (*Productus. Spin*). Très voisin comme coloration et comme aspect du précédent dont il diffère, en outre, par son corps plus rugueux, plus inégal en-dessus, ses bandes flaves un peu élevées, ses sutures génales prolongées sur le vertex par deux sillons sur les lignes longitudinales noires. L. 11.

Indiqué de la Provence par Mulsant ; cependant je n'en ai pas encore vu d'exemplaires de France ; se rencontrera très probablement en Corse.

Div. 5. EURYGASTRARIA.

TABLEAU DES GENRES.

1. (2) Corps épais, très convexe en-dessus et en-dessous. Connexivum non aminci en lame tranchante, souvent tuberculeux. Écusson couvrant presque entièrement la corie et le connexivum.

Psacasta

2. (1) Corps moins convexe. Connexivum en lame tranchante. Écusson laissant à découvert le connexivum et une grande partie de la corie.

Eurygaster.

PSACASTA. *Germ.*

1. (6) Lames rostrales mutiques.

2. (5) Troisième article des antennes très court, égal à peine au quart du deuxieme.

3. (4) D'un brun jaunâtre ou violacé avec de nombreux point call élevés, blancs. Antennes rousses à la base ou au moins sur troisième article.

1. P. Exanthematica. *Scop. Allionii. Gmel. pedemontana. Fab.*— Corps brièvement ovale, très convexe, subtronqué en arrière. Dessus d'un brun violacé chocolat, fortement ponctué de noir et parsemé de nombreux points calleux, élevés, blancs, lisses; trois de ces points, plus gros, à la base de l'écusson. Pronotum vaguement sillonné en travers, ses bords latéraux aigus, angle latéral débordant à peine les élytres. Écusson en toit, jusqu'un peu au-delà du milieu, ensuite déclive en arrière, sa ligne médiane obtuse, non carénée. Dessous du corps et pattes marbrés de blanchâtre, extrémité de chaque segment du connexivum et stigmates avec un point tuberculeux. Troisième article des antennes roussâtre. — Mâle : les deuxième à sixième segments ventraux lisses de chaque côté de la ligne médiane, très faiblement ponctués au milieu. L. 10-11.

La forme décrite ci-dessus est celle que l'on trouve le plus habituellement en France, mais Fieber en distingue une autre plus petite, dont j'ai vu plusieurs exemplaires de Russie méridionale et un exemplaire du département de l'Yonne. Cette forme *minor* (8 à 9m) est proportionnellement plus étroite, d'un jaunâtre plus pâle, non violacé, à tubercules blancs plus petits et souvent moins nombreux, les trois premiers articles des antennes sont ferrugineux et la ligne médiane de l'écusson est plus apparente sans être manifestement carénée. (1).

Espèce plus spéciale aux régions chaudes de France où elle est assez rare, Provence, Languedoc, Bourgogne ; cependant quelques exemplaires isolés ont été trouvés dans la France moyenne et même septentrionale : Alsace, Champagne, Mer (Loir-et-Cher) et même Valenciennes. Elle paraît affectionner les Borraginées.

4. (3) Entièrement noir ou avec quelques points calleux blancs. Antennes entièrement noires.

(1) Un exemplaire de cette forme qui se trouve dans ma collection, sans indication de localité, a les bords latéraux du pronotum non tranchants, mais formant un bourrelet blanchâtre obtus. Peut-être formera-t-il une espèce distincte ?

2. P. Cerinthe. *Fab.* — Espèce extrêmement voisine de la précédente, dont elle ne me paraît différer que par la couleur et la ligne médiane de l'écusson qui est manifestement, quoique faiblement, carénée. Écusson et pronotum à ponctuation un peu plus rugueuse. Dessous du corps, pattes et antennes entièrement noirs, un point calleux blanc à l'extrémité de chaque segment du connexivum. L. 10.

Corse : rare.

5. (2) Troisième article des antennes égal à la moitié du deuxième.

3. P. Conspersa. *Kze.* (*Granulata* : *Costa*). — D'un brun jaunâtre terne, très densement et fortement ponctué de points noirs souvent confluents ruguleux et plus ou moins parsemé de petits tubercules élevés, irréguliers, de la couleur du fond. Ligne médiane de l'écusson subcarénée et plus pâle. Dessous du corps et pattes jaunâtres à points noirs plus ou moins confluents ; antennes roussâtres sur les trois premiers articles. — Mâle ayant, comme les deux espèces précédentes, les deuxième à sixième segment ventraux lisses de chaque côté de la ligne médiane. L. 7 $^1/_2$. — Ressemble beaucoup à la *P. Tuberculata* dont elle diffère par ses lames rostrales mutiques, sa taille un peu plus grande et plus large et les espaces lisses et déprimés du ventre du mâle qui occupent cinq segments au lieu de trois.

Très rare ; je n'en ai vu de France que quatre exemplaires, trois communiqués par M. Rey, l'un de Charbonnières, près Lyon, les deux autres de la plage de Saint-Raphaël ; ces derniers un peu moins tuberculés et avec les deux points calleux de la base de l'écusson moins apparents ; un exemplaire de Saint-Germain communiqué par M. Marmottan.

6. (1) Lames rostrales armées vers leur tiers postérieur d'un dent épineuse très aiguë. Troisième article des antennes ayant au moins la moitié de la longueur du deuxième. (*S. G. Cryptodontus. Mls. R.*)

1. P. Tuberculata. *Fab.* — D'un brun roux ou presque noir, fortement ponctué de points noirs et parsemé de nombreux tubercules élevés assez forts qui rendent la surface très inégale.

Bords latéraux du pronotum assez aigus, droits. Écusson assez fortement caréné dans toute sa longueur, en toit jusqu'au milieu où se trouve une assez forte élévation conique et ensuite brusquement déclive jusqu'à l'extrémité. Chaque segment du connexivum et stigmates avec un point tuberculeux plus pâle. Dessous du corps et pattes marbrés de noir et de jaunâtre, base des antennes jaunâtre. — Mâle : 3e, 4e et 5e segments ventraux ayant sur les flancs une plaque commune lisse, déprimée, noire et opaque. L. 6-7.

Espèce méridionale, rare : Provence, Basse-Alpes, Hérault, Vaucluse, Lyon.

Obs. La *P. Neglecta. H-S.* de Hongrie et Russie méridionale, etc. dont je n'ai pas encore vu d'exemplaires de France, est très voisine de la précédente ; elle a les mêmes plaques ventrales chez le mâle et les lames rostrales dentées ; mais elle en diffère par sa surface à tubercules plus faibles, par l'écusson non caréné, à élévation médiane bien moins haute, par sa forme plus courte et plus large proportionnellement. L. 5 $^1/_2$-6.

EURYGASTER. *Lap.*

1. (4) Surface simplement ponctuée, non verruqueuse. Bord externe de la corie non distinctement sinué après le tiers antérieur. Connexivum sans impression sur ses segments en-dessus.

2. (3) Bord latéral du pronotum droit. Ligne médiane de l'écusson lisse, mais non élevée ni carèniforme. Tête obtuse à l'extrémité ; épistome libre, non enclos par les joues. Un point calleux blanc de chaque côté de la base de l'écusson.

1. E. Maura. *Lin.* (*Testudinaria. Fourcr*). — Ovalaire, peu convexe, très variable de couleur, ordinairement d'un jaunâtre gris ou brun, à ponctuation fine, noire, assez serrée. Connexivum largement visible en-dessus, égal, alterné de jaunâtre et de noirâtre. Ventre jaunâtre sans points noirs sur les flancs, au milieu une grande tâche noire ou deux lignes noires incomplètes. Poitrine et pattes plus ou moins ponctuées de noir. L. 9-10.

Var. picta. Fab. Brunâtre ; pronotum et écusson avec trois bandes jaunâtres irrégulières et incomplètes.

Var. nigra Fieb. Dessus du corps presque entièrement noir. Variété plus méridionale et plus rare.

Commun dans toute la France, surtout sur les céréales auxquelles elle est nuisible, dit-on, en piquant les grains encore tendres.

3. (2). Bord latéral du pronotum un peu arqué en dehors. Ligne médiane de l'écusson lisse, blanchâtre, élevée, caréniforme. Écusson sans point calleux lisse de chaque côté de sa base (1). Tête aiguë à l'extrémité. Epistome enclos par les joues (2).

2. E. Hottentota. *Fab. Fieb.* (*Fusca. Gmel. Stål*).—Très voisin du précédent et très variable comme lui, cependant facile à distinguer par les caractères ci-dessus indiqués ; en outre, toujours plus grand, plus aplati, le connexivum et le ventre non maculés de noir dans les variétés pâles. L. 11-13.

Var. nigra. Fieb. Entièrement noir ou avec la ligne médiane du pronotum et de l'écusson blanche, ainsi que deux petites taches à la base de l'écusson.

Obs. On trouve en Orient (Syrie, Caucase, Turkestan), une forme (*integriceps. Och.*) très intéressante parce qu'elle tient le milieu entre les deux espèces précédentes. Elle a la taille, l'aspect et les bords du pronotum légèrement arqués de *hottentota*, mais l'épistome libre, l'écusson à points calleux et sans carène de *maura*.

4. (1) Dessus du corps inégal, verruqueux. Bord externe de la corie très distinctement sinué après le tiers antérieur. Connexivum en-dessus avec une impression sur chaque segment. Canal médian du deuxième segment ventral à bords relevés, caréniformes.

3. E. Maroccana. *Fab.* (*Hottentota. Fab. olim. Stål*).— Plus élargi proportionnellement, plus déprécié et moins régulièrement convexe

(1) Chez les variétés noires il y a une petite tache blanche, ponctuée comme le reste de la surface, et non élevée ni calleuse.

(2) Ce caractère est cependant variable, fait déjà noté par Fieber dans ce genre et qui se présente aussi chez le *Carpocoris lynx*, le *Sehirus Biguttatus*, etc. Je possède un *E. Maura* un *E. Brevicollis* à épistome enclos, bien que ces espèces aient l'épistome normalement libre.

que les précédents. Jaunâtre ou roux ferrugineux, presque brun. Ecusson sans points blancs calleux à la base. Ligne médiane un peu caréniforme mais concolore et ponctuée comme le reste. Tête aiguë en avant, épistome enclos par les joues. L. 12-13.

Espèce méridionale, assez rare : Toulon, Marseille, Arles, Béziers, Toulouse, etc.

Trib. II. — GRAPHOSOMINI.

TABLEAU DES DIVISIONS.

1. (4). Yeux peu saillants, sessiles. Pas d'appendice dentiforme après l'angle antérieur du pronotum. Tubercule antennifère peu saillant.

2. (3). Bord antérieur des propleures prolongé en avant en lame tranchante jusqu'au niveau du bord antérieur des yeux, cachant l'insertion des antennes, et formant une gouttière pour loger la base des antennes au repos. Tête très inclinée, subperpendiculaire, ses côtés (Excep. *Vilpianus*) obtus. Hanches postérieures avec un tubercule au côté interne en avant.

TRIGONOSOMARIA.

3. (2). Lames propleurales nulles ; insertion des antennes bien découverte et éloignée de la base de la tête. Celle-ci horizontale ou peu inclinée, ses côtés aigus et réfléchis. Hanches postérieures sans tubercule.

GRAPHOSOMARIA.

4. (1). Yeux très saillants, subpédiculés. Un appendice dentiforme un peu après l'angle antérieur du pronotum. Tubercules antennifères très saillants et visibles d'en haut. Écusson parallèle, laissant voir une grande partie de la corie. Propleures non avancées en lames en avant ; tête subhorizontale, subcarénée longitudinalement, épistome en toit ; joues sinuées extérieurement à la base.

PODOPARIA.

DIV. 1. TRIGONOSOMARIA.

1. (2) Tibias inermes. Lames rostrales non dentées.

TRIGONOSOMA.

2. (1) Tibias épineux. Lames rostrales (plaques génales) dentées. Deuxième segment ventral avec un petit tubercule au milieu (Corps globuleux; ressemblant à une graine desséchée et ridée. Genre de transition entre cette division et la suivante.)

VILPIANUS.

TRIGONOSOMA. *Lap.*

1. (2). Angles latéraux du pronotum prolongés extérieurement et en avant en une longue corne obtuse aussi longue que la tête est large à la base. Bec n'atteignant que les hanches postérieures. Deuxième segment ventral non sillonné. Connexivum et stigmates tuberculés.

1. T. FALCATUM. *Cyrill.* (*Desfontainii. Fab.*).— D'un flave roussâtre ou ferrugineux, extrémité et bord postérieur des cornes thoraciques noirs. Dessus du corps fortement ponctué et rugueux. Partie postérieure du pronotum formant avec ses cornes un croissant ouvert en avant, partie antérieure fortement déclive et sillonnée transversalement. Écusson régulièrement convexe. L. 8-9.

Espèce méridionale et rare : Var, Sisteron, Nîmes, Montpellier, Perpignan.

2. (1). Angles latéraux du pronotum non saillants, obtus. Bec prolongé jusqu'au deuxième segment ventral qui est sillonné. Connexivum et stigmates sans tubercules (*S. G. Glypheria. Mls. R.*).

2. T. ÆRUGINOSUM. *Cyrill.* (*Nigellæ. Fab.*).—Insecte large et épais, convexe, ponctué, d'un brun roux foncé en dessus ; tête et partie antérieure du pronotum flaves. Dessous du corps brun, les côtés du ventre, les pattes et antennes flaves ; segments génitaux noirâtres. L. 9-10.

Espèce méridionale et rare : Var.

VILPIANUS. *Stål.*

(ACROPLAX. *Fieb.*).

1. V. GALII. *Wolff.*—Pisiforme, très convexe, d'un gris jaunâtre, grossièrement ponctué de points bruns en dessus et en dessous. Tête

et partie antérieure du pronotum fortement déclives. Devant du pronotum et écusson fortement ridés transversalement. L. $3\,{}^{1}/_{2}$.

Midi de la France, surtout sur les *Galium*. Hyères, Marseille, Nîmes, Montpellier, Avignon, Saint-Antonin.

Div. 2. GRAPHOSOMARIA.

TABLEAU DES GENRES.

1. (6). Pronotum et écusson avec des côtes longitudinales élevées, flaves, plus pâles que la couleur du fond.

2. (5). Connexivum sans sillon ni carène longitudinale en dessous. Orifices odorifiques non auriculés. Premier article du bec non prolongé au delà de la base des lames rostrales. Écusson presque aussi large que l'abdomen, ne laissant voir qu'une faible portion de la corie.

3. (4). Prosternum muni d'un lobule dentiforme en avant des hanches antérieures. Angles latéraux du pronotum obtus.

STERNODONTUS.

4. (3). Prosternum sans lobule dentiforme en avant. Angles latéraux du pronotum aigus.

ANCYROSOMA.

5. (2). Connexivum ventral avec un canal longitudinal tout le long du bord externe du ventre, ce canal limité en dedans par une carène ou bourrelet élevé. Orifices odorifiques saillants et auriculés. Premier article du bec prolongé au delà de la base des lames rostrales. Écusson beaucoup plus étroit que l'abdomen, laissant voir une grande portion de la corie.

THOLAGMUS.

6. (1). Pronotum et écusson sans côtes élevées.

7. (8). Pronotum sans point tuberculeux derrière chaque cicatrice. Écusson sans tubercule de chaque côté de la base. Premier article du bec prolongé un peu au delà de la base des lames rostrales. Corps rouge avec des bandes et taches noires.

GRAPHOSOMA.

8. (7). Pronotum avec un point tuberculeux derrière chaque cicatrice. Écusson avec un tubercule éburné de chaque côté de la base, comme chez les *Eysarcoris*, auxquels ces insectes ressemblent comme aspect. Premier article du bec non prolongé au delà de la base des lames rostrales.

Derula.

STERNODONTUS. *Mls. R.*

1. S. Obtusus. *M. R.* (*Obtusangulus. Fieb.*) — Corps large, brusquement rétréci en avant, d'un flave grisâtre ponctué de brun ou de noir ; tête très allongée, avec la ligne médiane lisse, flave ; pronotum et écusson avec cinq lignes longitudinales flaves, élevées, lisses, plus ou moins bordées de points noirs, la ligne médiane plus forte. Angles latéraux du pronotum dépassant le niveau de la corie, mais obtus et noirâtres au sommet. Fémurs ponctués de brun. L. 7.

Très rare : Hyères, Marseille, Digne, Abriès (Hautes-Alpes).

ANCYROSOMA. *Am. S.*

1. A. Albolineatum. *Fab.* — Corps large au niveau des angles latéraux du pronotum, très brusquement rétréci en avant et un peu moins en arrière, jaunâtre, ruguleux, ponctué de brun, avec des lignes longitudinales élevées, d'un blanc jaunâtre et lisses, une sur la tête et cinq sur la moitié postérieure du pronotum et prolongées sur l'écusson. Angle latéral du pronotum dépassant très notablement le niveau de la corie et aigu. Dessous du corps et pattes ponctués de brun, les stigmates et un point sur chaque segment du connexivum noirs ; une ligne arquée longitudinale formée de points noirs sur les côtés du ventre. L. 6-7 $^1/_2$.

Midi de la France : Provence, Toulon, Marseille, Avignon, Ile de Ré.

THOLAGMUS. *Stål.*

(Stiraspis. *Fieb.*)

1. T. Flavolineatus. *Fab.* (*Strigatus. H.-S.*). — Oblong, d'un flave assez pâle, à points ruguleux noirs ou bruns plus ou moins foncés entre des lignes longitudinales flaves, élevées. Pronotum à

angles latéraux obtus, son disque avec cinq lignes longitudinales élevées, pâles. Écusson assez étroit, parallèle, la ligne médiane et les côtés relevés en carènes, pâles et entre ces deux carènes une autre moins élevée et disparaissant vers le milieu. Dessous du corps et pattes d'une jaune très pâle, une tache noire formée par des points un peu avant l'extrémité des fémurs ; ventre avec les stigmates noirs et quatre points noirs sur chacun des segments ventraux formant quatre lignes longitudinales. L. 7.

Espèce méridionale, rare : Var, Marseille.

GRAPHOSOMA. *Lap.*

1. (2) Pronotum avec deux bandes noires submarginales et dix taches noires formant quatre lignes longitudinales sur le disque. Connexivum avec une bande interne noire et une externe rouge en-dessus, non maculé de noir en-dessous.

1. G. Semipunctatum. *Fab.* — Régulièrement convexe en-dessus, densement et ruguleusement ponctué ; d'un beau rouge écarlate. Tête acuminée, avec deux bandes noires n'atteignant ni les bords ni l'extrémité. Pronotum avec une bande noire arquée, de chaque côté sur sa moitié postérieure, laissant libre le bord externe rouge ; son disque avec deux rangées transversales de quatre grandes taches noires, l'une après le bord antérieur, l'autre sur la convexité et deux autres taches au milieu de la base. Écusson avec quatre larges bandes longitudinales noires, les deux juxta-médiaires presque entières, les deux latérales atteignant à peine le milieu de la longueur et laissant extérieurement une étroite bordure noire. Exocorie avec une bande externe noire ; un trait noir à l'extrémité externe de la mésocorie ; membrane noire. Poitrine et ventre flavescents ; cinq lignes de taches noires et alternées sur les côtés du ventre et continuées sur la poitrine. Pattes rouges, une grande tache noire un peu avant l'extrémité des cuisses. L. 11-12.

Assez commun dans le Midi de la France, sur diverses Ombellifères ; ne paraît pas remonter jusqu'à Lyon.

2. (1) Pronotum avec six larges bandes longitudinales noires. Connexi-

vum en-dessus et en-dessous transversalement coupé de bandes rouges et noires.

2. G. Lineatum. *Lin.* (*Italicum. Fourc. Nigrolineatum. Fab.*)—D'un beau rouge écarlate. Tête avec deux bandes longitudinales noires atteignant l'extrémité. Pronotum avec six larges bandes longitudinales noires. Écusson avec quatre bandes longitudinales noires, les juxta-médiaires entières, les latérales atteignant le tiers postérieur et couvrant complètement le bord externe. Exocorie avec une bande noire externe ; mésocorie avec deux traits noirs, l'un à la base, l'autre à l'extrémité. Dessous du corps rouge pâle ; cinq lignes de taches noires, alternées, de chaque côté du ventre et continuées sur la poitrine. Pattes en grande partie noires, ou (*Var. flavipes. Am.*) en grande partie rouges. — L. 8.-10.

Très commun dans le midi, sur diverses ombellifères ; moins commun dans la France moyenne ; paraît s'étendre peu au nord de Paris.

DERULA. *Mls. R.*

1. D. Flavoguttata. *M. R.* (*Oçulata. Bær*). — Corps assez large, médiocrement convexe, d'un jaunâtre pâle, densement et subrugueusement ponctué de points concolores, ou par places noirs ou noirâtres et formant ainsi des taches ou bandes nébuleuses vagues, notamment sur les joues, sur le pronotum près des cicatrices et sur l'écusson le long de la ligne médiane. Bord latéral antérieur du pronotum droit, tranchant, finement réfléchi ; angle latéral très largement arrondi. Écusson subparallèle; un fort calus blanc, lisse, élevé, de chaque côté de la base ; ligne médiane lisse, élevée, flave, bordée de points noirs ; de chaque côté de la ligne médiane une large bande très faiblement plus pâle que la moitié externe. Une petite tache noire sur chaque intersection du connexivum. Dessous du corps et pattes flaves ; stigmates noirs ; une bande longitudinale brune, arquée en arrière, sur le milieu des côtés du ventre. Cuisses avec un groupe de points noirs un peu après le milieu. L. 5 1/2.

Espèce méridionale et très rare : Hyères, Marseille, Avignon ; sur les Galium d'après MM. Mulsant et Rey.

Div. 3. PODOPARIA.

Un seul genre en France :

PODOPS. *Lap.*

1. (2) Un peu en dehors de l'angle antérieur du pronotum, un appendice pédiculé à la base, dilaté au sommet en forme de marteau. Bord latéral, entre l'appendice et l'angle latéral droit, non sinué, largement réfléchi. Epistome généralement libre.

1. P. Inuncta. *Fab.* — Courtement oblong, d'un gris jaunâtre en-dessus et marqué de forts points obscurs, un peu ocellés, qui le font paraître brun ; souvent terreux. Tête et partie antérieure du pronotum noires ; celle-ci carénée au milieu et séparée de la postérieure par une carène et un sillon transverses; angle latéral échancré. Écusson assez étroit, les côtés subparallèles ; arrondi largement à l'extrémité qui n'atteint pas tout à fait le sommet de l'abdomen ; trois petits calus blanchâtres à la base. Dessous du corps noir ; chez la femelle les flancs du ventre roussâtres. Pattes flaves ; les cuisses avec deux groupes de points noirs formant un anneau incomplet. Antennes noires, l'extrême base des articles pâle. — L. 5 $^1/_2$-6 $^1/_2$.

2 (1) Appendice des angles antérieurs du pronotum en pointe obtuse, aussi large à la base qu'à l'extrémité. Bord latéral, entre l'appendice et l'angle latéral, fortement sinué, assez étroitement réfléchi. Épistome généralement enclos et dépassé par les joues.

2. P. Curvidens. *Costa.* — Très voisin, comme aspect et comme couleur, du précédent, facile à distinguer cependant par les caractères indiqués et en outre un peu plus grand, plus allongé, rides transverses de l'écusson non limitées à la protubérance basale et visibles en arrière de cette protubérance. — L. 6.-8.

Très rare : Avignon, Hyères, Corse.

Obs. Le *P. Dilatata. Fieb. et Put.* d'Espagne, est difficile à séparer de cette espèce, cependant il en paraît distinct par sa taille plus petite (5♂-6♀), par ses joues fortement dilatées, arrondies en avant, rétrécies à la base et enfin l'appendice thoracique est très légèrement plus dilaté au sommet et fait plus manifestement la continuation du bord antérieur du pronotum.

Le *P. Sicula Costa*, qui se trouvera peut-être en Corse, se distingue très facilement par l'appendice thoracique qui est une épine pointue, partant de l'angle antérieur même et transversalement dirigée en dehors; par la profonde échancrure qui suit cette épine; par les tubercules antennifères épineux en dehors, le clypeus moins saillant, l'écusson sinué latéralement, etc.

Subf. III. PENTATOMIDÆ.

TABLEAU DES TRIBUS.

1. (8) Bec long, dépassant de beaucoup les hanches antérieures, le premier article aussi long ou plus long que le dessous de la tête et dépassant les lames rostrales.

2. (7) Tarses triarticulés. Un seul segment génital chez les mâles (Tibias le plus souvent sillonnés en-dessus).

3. (4). Ventre ayant seulement cinq segments non génitaux visibles; le premier étant entièrement caché ou réduit à un simple liseré lisse. Tous les tibias hérissés de fortes épines, les antérieurs souvent dilatés et comprimés au sommet et propres à fouir [1]. Nervures de la membrane naissant de la base même et non d'une nervure parallèle à la base.

CYDNINI.

4. (3). Ventre à six segments non génitaux visibles; le premier segment

(1) Les genres *Menaccarus* et *Sciocoris* dans les *Pentatomini* ont aussi les tibias plus ou moins épineux, mais ils se distinguent facilement des *Cydnini* par le premier segment ventral visible et ponctué et la marge du pronotum lamellaire, tranchante.

moins long cependant que le second, mais ponctué comme les suivants. Tibias non fouisseurs ni hérissés de fortes épines (Excepté *Menaccarus*). Nervures de la membrane naissant ordinairement d'une nervure parallèle à la base.

5. (6). Bec assez mince, son premier article entièrement couché dans un sillon qui règne sous tout le dessous de la tête.

PENTATOMINI.

6. (5). Bec épais et fort, surtout les deux premiers articles ; le premier article libre à son extrémité, le sillon rostral allant à peine à la moitié de la longueur du dessous de la tête. Tibias antérieurs avec un éperon en dessous au tiers apical.

ASOPINI.

7. (2). Tarses biarticulés. Deux segments génitaux chez le mâle. Tibias non sillonnés en dessus, cylindriques (Mesosternum avec une lame longitudinale élevée et avancée entre les hanches antérieures. Ventre caréné, son deuxième segment avec une longue pointe dirigée vers la poitrine).

ACANTHOSOMINI.

8. (1). Bec très court, n'atteignant pas les hanches antérieures ; les deux premiers articles cachés entre les lames rostrales, qui sont elles-mêmes très courtes (Tête bifide, les joues bien plus longues que le clypeus ; tarses triarticulés).

PHYLLOCEPHALINI.

Trib. I. — CYDNINI.

TABLEAU DES DIVISIONS.

1. (2). Tibias antérieurs comprimés et dilatés au sommet, spatuliformes. Tête, côtés du pronotum et de la corie et cuisses munis de pores sétigères.

CYDNARIA.

2. (1) Tibias antérieurs en prisme à trois arêtes. Pas de pores sétigères sur la tête, le pronotum, les élytres et les cuisses.

SEHIRARIA.

Div. 1. CYDNARIA.

TABLEAU DES GENRES.

1. (4). Pas d'ocelles. Yeux très petits, peu ou pas apparents en-dessus.

2. (3). Membrane rudimentaire, écourtée et sans nervures. Clavus et corie confondus (1). (Corps très convexe, hérissé en-dessous et sur les côtés de très longs poils couchés, dirigés en arrière ; bord de la tête pectiné ; les trois derniers articles des antennes courts, renflés ; pronotum sans dépression transverse ; tibias très robustes et très épineux.

CEPHALOCTEUS.

3. (2) Corie, clavus et membrane séparés, celle-ci dépassant un peu l'abdomen.

AMBLYOTTUS.

4. (1). Des ocelles ; yeux bien apparents en-dessus.

5. (10). Épistome non enclos par les joues. Écusson beaucoup plus long que large à la base.

6. (7). Rebord de la tête pectiné, c'est-à-dire garni en dedans d'une série plus ou moins régulière de petites épines courtes (Corps assez convexe).

CYDNUS (2).

7. (6) Rebord de la tête non pectiné, garni seulement de quelques longues soies. Corps peu convexe.

8. (9). Rebord externe du pronotum incourbé et caché sous les angles latéraux (comme dans les Ælia). Orifices odorifiques non auriculés. Une forte dent près de l'extrémité des cuisses postérieures du mâle.

MACROSCYTUS.

9. (8). Rebord externe du pronotum non incourbé ni caché sous les angles latéraux. Orifices odorifiques auriculés. Cuisses postérieures sans dent près de l'extrémité chez les mâles.

GEOTOMUS.

(1) Seul exemple de Brachypterisme chez les Pentatomides d'Europe.

(2) Les *Byrsinus* du Midi de l'Europe diffèrent des *Cydnus* par leur corps hémisphérique en-dessus, garni de longs poils sur les côtés et en-dessous comme les *Cephalocteus*.

10. (5) Épistome enclos par les joues. Écusson à peine aussi long que large à la base. Bord postérieur de la corie fortement sinué (Rebord de la tête échancré, non pectiné).

Brachypelta.

CEPHALOCTEUS. *Duf.*

1. C. Histeroïdes. *L. Duf.* (*Scarabæoïdes. Fab.*). — Suborbiculaire, très convexe, d'un brun noir, très brillant. Tête, pronotum et écusson presque imponctués ; quelques points seulement sur les côtés du pronotum ; corie avec des points très espacés ; membrane réduite à une très courte bordure jaunâtre, laissant à découvert l'extrémité de l'abdomen. De longs cils jaunâtres, dirigés en arrière sur les côtés du corps, le ventre et les cuisses. Tibias très robustes et paraissant très larges en raison des épines longues et nombreuses qui les hérissent. L. 4-5.

Indiqué de France par Mulsant, mais cela me paraît très douteux ; les exemplaires qu'il avait reçus de Perris ne provenaient pas des Landes, mais d'Algérie. Cependant il n'est pas impossible qu'on le rencontre dans le sable mouvant des dunes de la Corse ou de la Provence.

AMBLYOTTUS *Am. S.*

1. A. Dufourii. *Am. S.*—« Noir-ferrugineux, luisant; tête assez large, courte, arrondie, un peu échancrée au bord antérieur ; antennes presque moniliformes; pronotum sans impression transverse ; membrane de moitié plus courte que la corie, très claire, blanchâtre, dépassant un peu l'extrémité de l'abdomen. L. 3-4. » (Amiot).

Deux exemplaires trouvés par Solier dans les environs de Marseille, dans le sable mobile, au pied de diverses plantes (*Artemisia campestris* et *Centaurea aspera*).

Cet insecte mythologique n'a jamais été revu et les types sont perdus. Si la taille indiquée n'était plus faible, on pourrait penser que c'est l'état macroptère du *Cephalocteus histeroïdes*.

CYDNUS. *Fab.*

(Æthus. *Dall. Stål.*).

1. (2). Ventre avec de très longs poils couchés et dirigés en arrière. Côte

marginale de la corie entière et tranchante extérieurement, non crénelée par des points piligères sur cette tranche (Les pores piligères sont placés un peu en dedans de la côte et en haut, mais non latéralement.

1. C. Flavicornis. *Fab.*— Varie d'un brun rouge au noir de poix ou noir (*Fuscipes* M. R.), brillant, ovalaire, un peu plus large en arrière qu'en avant, longuement cilié de roux sur les côtés. Pronotum assez fortement ponctué en avant, en arrière et surtout sur les côtés, lisse sur le milieu du disque ; un point-fossette de chaque côté. Écusson convexe, à points espacés, assez gros ; une fossette à l'extrémité. Corie à points forts et espacés. Membrane d'un blanc jaunâtre. L. 3 1/2.— Très variable pour la couleur et la ponctuation.

Commun dans le sable des dunes de tout le littoral : Dunkerque, Calais, Morbihan, Landes, Montpellier, Marseille, Provence. — En dehors des terrains maritimes, se retrouve à Lyon, Avignon.

Obs. Le *C. Lacconotus* Fieb. d'Allemagne, dont je ne connais pas le type, doit en être très voisin et ne me paraît en différer que par une fossette aplatie (plus visible chez le mâle) sur le devant du pronotum, immédiatement après l'échancrure antérieure et par la ponctuation plus serrée et rugueuse sur les côtés et le devant du pronotum. J'ai pris à Biskra un exemplaire qui répond à cette description ; les autres, plus nombreux, trouvés dans la même localité, ont bien la même fossette, mais la ponctuation du pronotum est presque nulle.

2. (1). Ventre sans longs poils. Côte marginale de la corie obtuse et crénelée extérieurement par de forts points piligères bien visibles latéralement.

3. (6). Pronotum non échancré en devant de l'angle latéral postérieur. Flancs du ventre densement et fortement ponctués de points allongés en strioles longitudinales.

4. (5). Corie et tibias noirs. Devant du pronotum avec un aplatissement triangulaire après l'échancrure antérieure.

2. C. Pilosus. *H.-S* — Ovalaire, noir, brillant, cilié de roux sur

les côtés. Tête et côtés du pronotum fortement et densement ponctués ; moitié postérieure, peu et faiblement ponctuée ; quelques points au bord antérieur ; une fossette vers le milieu de chaque côté ; deux points-fossettes près de l'angle antérieur. Écusson large, même avant l'extrémité, qui est brusquement arrondie et déprimée ; presque lisse à la base, à ponctuation médiocre et assez espacée sur le reste. Corie ponctuée comme l'écusson et uniformément, clavus avec trois lignes de points. Membrane blanchâtre. Cuisses souvent un peu rougeâtres. L. 6-7.

France méridionale, rare : Marseille, Avignon, Tarbes, Lyon, Corse.

5. (4). Carènes latérales de la tête et du pronotum, bords externe et interne des cories roux ainsi que les pattes. Devant du pronotum sans aplatissement triangulaire après l'échancrure antérieure.

3. C. Nigrita. *Fab.*—Ovalaire, brun de poix, brillant, cilié de roux sur les côtés. Tête, côtés et moitié postérieure du pronotum grossièrement et densement ponctués ainsi que le bord antérieur, lisse seulement sur le disque de la moitié antérieure ; un point-fossette sur le milieu de chaque côté et deux autres près de l'angle antérieur. Écusson moins large que chez le précédent, à points très forts et espacés, un calus lisse de chaque côté de la base, sommet avec une impression. Corie à points moins forts que ceux de l'écusson, clavus roussâtre avec deux lignes de points. Membrane d'un blanc jaunâtre. Pattes entièrement rousses. L. 5.

Assez commun dans toute la France, courant dans les chemins sablonneux au premier printemps.

6. (3). Pronotum fortement échancré sur les côtés en avant de l'angle latéral postérieur (au moins chez les mâles). Flancs du ventre presque entièrement lisse (S. G. Tominotus. M. R.).

4. C. Signoreti. *M. R.*— Ovalaire, noir, brillant, cilié de roux sur les côtés. Tête presque imponctuée. Pronotum fortement échancré en avant, subdéprimé au milieu et lisse après cette échancrure ; côtés très fortement ponctués ; base bien moins fortement et moins densement ponctuée, excepté sur une ligne transversale qui limite une dépression transverse à peine apparente. Un point-

fossette sur le milieu de chaque côté et deux autres près de l'angle antérieur. Écusson de même forme que chez le *pilosus*, à points médiocres et peu serrés. Corie d'un brun un peu rougeâtre, à points fins et espacés. Membrane d'un blanc sâle avec une tache brune vers le milieu. Pattes d'un brun rougeâtre. Ventre presque entièrement lisse. L. 5 $^1/_2$.

Deux exemplaires mâles trouvés en 1845, par M. Signoret, sur une colline entre Montpellier et Cette. L'exemplaire que M. Signoret a bien voulu me donner a presque entièrement perdu ses cils et ses épines.

MACROSCYTUS. *Fieb.*

M. Brunneus. *Fab.* (*Proximus. Ramb.*).— Ovalaire, subdeprimé, d'un brun noir ou rougeâtre, brillant; côtés à cils bruns, raides, assez espacés. Tête imponctuée, à part les deux gros points piligères de chaque côté. Pronotum presque entièrement imponctué, quelques points très fins et très clair-semés sur les côtés et en arrière; un gros point-fossette sur le milieu des côtés et deux autres près de l'angle antérieur. Ecusson lancéolé à l'extrémité, la base imponctuée, le reste avec quelques rares points superficiels. Corie à points fins et espacés; côte externe tranchante extérieurement, marquée en-dessus, à la base, de quatre à cinq points piligères. Membrane blanche. Cuisses d'un brun roux. Ventre presque entièrement lisse. L. 9.

Espèce méridionale : Fréjus, Marseille, Nîmes, Avignon, Corse. — M. Mulsant l'indique aussi de Lyon et de l'Auvergne, mais ces localités me paraissent douteuses.

GEOTOMUS. *M. R.*

1. (2). Ovale. Flancs du ventre imperceptiblement ponctués. Bord externe de l'exocorie avec deux à quatre points piligères à la base. Côte radiale de la corie large, plate, assez densement ponctuée.

1. G. Punctulatus. *Costa* (*picipes. Hah. nec Fall. Helferi. Fieb. lævis Dgl. Sc.*).— Ovale, subdéprimé, brillant, noir, quelquefois un peu rougeâtre. Pronotum à dépression transverse indistincte ou nulle, pointillé sur les côtés et un peu moins en arrière, le reste

lisse ; un point-fossette sur le milieu des côtés et deux autres près de l'angle antérieur. Écusson à points assez forts, comme les cories ; son extrémité sublancéolée et avec une impression. Membrane d'un blanc jaunâtre, souvent rembrunie au milieu. Pattes brunes ou rougeâtres. Ventre presque lisse. Espace brillant en dehors de la plaque mate odorifique des métapleures ordinairement imponctué ou faiblement ponctué. L. 3 1/2-4 1/2.

Var. Lævicollis. Costa. Ponctuation presque nulle sur le pronotum et plus faible sur les élytres. — Marseille.

Assez commun sur tout le littoral maritime : Calais, Lorient, Landes, Cette, Marseille, Hyères, etc. ; plus rare dans l'intérieur : Avignon, Pyrénées (Gavarnie), etc.

Obs. G. ***Aciculatus. Fieb.***, de Crefeld, m'est inconnu ; il est probable qu'il n'est qu'une variété ou plutôt une anomalie du *punctulatus*, dont il différerait par l'impression transverse du pronotum plus distincte, marquée de deux élévations transverses, séparées par une ligne enfoncée, par les côtés du pronotum aciculés et la côte radiale de la corie n'atteignant pas le bord postérieur. Les exemplaires communiqués à Mulsant par M. Mink ne paraissent pas répondre à ce signalement ; ce qui semble prouver que l'exemplaire typique était accidentel.

2. (1). Oblong, subparallèle. Ventre très fortement ponctué sur les flancs. Bord externe de la corie avec un seul point pilifère à la base. Côte radiale de la corie étroite, caréniforme, lisse, marquée seulement de deux ou trois points.

2. G. Elongatus. H-S. (*Oblongus. Ramb.*). — Très voisin du précédent, il en est bien distinct par les caractères ci-dessus indiqués et en outre par sa ponctuation plus forte et plus serrée, la dépression transverse du pronotum bien visible, l'espace brillant en dehors de la plaque opaque odorifique des métapleures avec une ou deux rangées de petits points. L. 4 1/2-5.

Une grande partie de la France ; s'éloigne plus volontiers de la mer que le précédent : Orléans, Loir-et-Cher, Langres, Alsace, Bourgogne, Lyon, Auvergne, Cette, Pyrénées, Provence, etc.

BRACHYPELTA. *Am. S.*

(CYDNUS *Dall. Stål.*)

1. B. ATERRIMA. *Fst.* (*Tristis Fab.*). — Ovale-oblong, noir, opaque, à ponctuation serrée, ruguleuse. Tête à bord fortement relevé. Pronotum avec une forte impression transverse et derrière l'échancrure antérieure une dépression ovalaire. Ecusson acuminé. Bord postérieur des cories fortement bisinué. Côte externe de l'exocorie avec un à trois points piligères. Membrane d'un blanc de lait, sa base finement bordée de noir. Propleures granuleuses; ventre ponctué sur les flancs. Tarses plus ou moins rougeâtres. L. 8-11.

France méridionale et moyenne, dans les lieux sablonneux.

DIV. 2. SEHIRARIA.

TABLEAU DES GENRES.

1. (6). Mesosternum finement caréné.

2. (3). Yeux orbiculaires, peu saillants, enchassés à moitié dans les côtés de la tête (Cellule des ailes avec un hamus).
SEHIRUS.

3. (2). Yeux en cône transverse, obtus, très saillants, enchassés à peine d'un tiers dans les côtés de la tête (Epistome non enclos par les joues).

4. (5). Un hamus dans la cellule principale des ailes. Nervures de la membrane non réticulées. Tête très inclinée, subperpendiculaire.
GNATHOCONUS.

5. (4). Pas de hamus dans la cellule principale des ailes. Nervures de la membrane reticulées. Tête moins inclinée.
CROCISTETHUS (1)

(1) Le *Crocistethus Waltlii. Fieb.* n'a pas encore été trouvé en France, quoiqu'en dise Mulsant. Il est d'un vert sombre, bronzé, avec les élytres flaves, une tache apicale bronzée envahissant quelquefois presque toute l'élytre, surtout chez le mâle; une tache flave à l'angle latéral du pronotum; membrane blanche, veinée de noir, tibias flaves. L. 4-4 1/2. Algérie, Espagne. — L'*Ochetostethus basalis Fieb.* (noir, légèrement bronzé, une tache blanche ponctiforme sur le milieu de la corie) doit être reporté au genre *Crocistethus*; il est d'Algérie et de Sicile.

6. (1). Mesosternum large et profondément canaliculé (Epistome enclos par les joues ; pas de hamus dans la cellule principale des ailes ; yeux arrondis, enchassés de moitié dans la tête).

OCHETOSTETHUS.

SEHIRUS. *Am. S.*

(TRITOMEGAS. *Am. S.* LEGNOTUS. *Schiodt.* CANTHOPHORUS. *M. R.*).

1. (4) Propleures granulées. Insectes entièrement noirs. Deuxième article des antennes roussâtre.

2. (3). Oblong, noir, sans reflet bronzé. Taille de 10-11 m.

1. S. MORIO. *Lin. Dall.* (*Affinis. H-S. Fieb.*). — Oblong, noir, peu brillant. Tête un peu échancrée, ponctuée. Pronotum avec un sillon transverse assez peu enfoncé ; fortement ponctué sur les côtés et après le sillon transverse ; le reste de la moitié postérieure plus faiblement ; milieu de la moitié antérieure lisse. Ecusson et corie densement ponctués. Membrane d'un blanc très légèrement jaunâtre. Ventre rugueusement ponctué sur les côtés. Plaque lisse en dehors de l'espace opaque odorifique des métapleures, marquée d'une ligne longitudinale de 14 à 15 points. Tarses et bec roussâtres. — L. 10-11 ; cependant un exemplaire de Lille que je rapporte à cette espèce n'a que 8 m.

Probablement toute la France ; assez rare : Dunkerque, Morlaix, Metz, Briançon, Sisteron, Nimes, Provence, Landes, Pyrénées.

3. (2) Ovale ; noir avec un léger reflet bronzé. Taille de 6-7 m.

2. S. LUCTUOSUS. *M. R.* (*Morio. Fab. Fieb.*). — Cette espèce ne diffère de la précédente que par la taille plus petite, sa forme plus ovalaire, sa couleur avec un léger reflet bronzé ; la ponctuation de la moitié postérieure du pronotum plus serrée, plus égale, un peu ruguleuse, la membrane un peu plus foncée, la plaque brillante des métapleures marquée d'une vingtaine de points disposés sur deux lignes. Mais ces différences, peu importantes, sont peu appréciables et on trouve des exemplaires intermédiaires qui font penser que ces deux espèces doivent être réunies. — L. 6-7.

Toute la France, mais assez rare.

Obs, Le *S. Ovatus. H.-S.* de Dalmatie et de Moravie est aussi une espèce encore douteuse pour moi et très difficile à distinguer du *Morio* par sa forme plus élargie, plus ovalaire, moins parallèle; par ses antennes plus courtes, sa tête à peine échancrée, le bord latéral postérieur du pronotum un peu sinué; la dépression transverse du pronotum un peu plus sensible. — L. 8 ½.

4. (1) Propleures ponctuées. Insectes bicolores.

5. (8) Une large tache marginale du pronotum et deux à la corie, blanches.

6. (7) Tête échancrée et fortement réflechie en avant. Tache blanche marginale du pronotum allant de l'angle antérieur au milieu seulement des côtés et arrondie postérieurement. Un point blanc derrière l'angle latéral.

3. S. Bicolor. *Lin.*— Ovalaire, d'un noir bleuâtre, brillant, ponctué. Pronotum ordinairement avec un sillon transverse assez apparent et élargi latéralement en forme de fossette. Corie avec deux taches marginales blanches : l'antérieure à la base, échancrée intérieurement au milieu ou en forme de C, occupant la base de l'exocorie et de la mésocorie, moins la place de l'échancrure; la tache postérieure au sommet, occupant l'exocorie et le tiers externe de la mesocorie et tridentée en avant. Membrane blanche ou noirâtre. Une petite tache blanche triangulaire à chaque segment du connexivum en dessous. Un large anneau blanc à la base de tous les tibias. — L. 6.-7.

Toute la France.

7. (6) Tête non échancrée ni réfléchie en avant. Tache blanche marginale du pronotum prolongée depuis l'angle antérieur jusqu'à l'angle latéral où elle se termine en pointe. Pas de point blanc derrière cet angle.

4. S. Sexmaculatus. *Ramb.* (*Rotundipennis Dohrn*). — Très voisine de l'espèce précédente pour la taille et le dessin, elle en diffère, outre les caractères déjà indiqués, par le pronotum à peine impressionné transversalement; par la tache basale de la corie n'ayant que le prolongement interne inférieur et n'occupant pas la base de la mesocorie; par la tache postérieure plus courte; par l'anneau blanc des tibias moins long et moins complet. — L. 6.-7.

Assez commun dans toute la France méridionale ; s'étend au nord jusqu'à la Côte-d'Or et l'Yonne. Sur la Ballota fœtida à Bordeaux d'après M. Samie.

8. (5) Un fin bourrelet calleux, blanc, sur les côtés du pronotum et des élytres.

9. (12) Tibias entièrement noirs.

10. (11) Dessus du corps bleu (rarement noirâtre). Mesocorie sans tache discoïdale blanche. Bord externe du connexivum avec une très petite tache blanche à la base de chaque segment.

5. S. Dubius. *Scop.* (*Albomarginatus. Schr. Albomarginellus Burm*). — Ovale, d'un beau bleu violacé, quelquefois verdâtre, rarement noirâtre, brillant, ponctué ; pattes et antennes noires. Tête à bords réfléchis ; épistome subenclos par les joues. — L. 6-8.

Cette espèce présente deux formes assez distinctes :

Dubius. Scop. (1). — Membrane blanche. Sillon transverse du pronotum profond et large, surtout latéralement où il se termine en une large fossette qui n'atteint pas le bord externe. Forme plus spéciale aux régions montagneuses et froides : Vosges (sur un *Thesium*) Alpes, Pyrénées, Paris, Beaune, Gray, Pas-de-Calais. — Aussi Asturies, Carinthie.

Melanopterus H-S. — Membrane noirâtre. Sillon transverse du pronotum très superficiel, à peine visible. — Forme plus méridionale : Yonne, Landes, Corse. — Je l'ai prise en grand nombre à Capbreton (Landes) en août, sur l'immortelle (*Helichrysum stœchas*). — Aussi en Espagne, Algérie, Hongrie, Crimée Caucase, Chypre, Perse, etc.

J'ai vu quelques rares exemplaires à membrane blanche et sillon faible et d'autres à membrane noire et sillon fort, qui établissent le passage entre ces deux formes.

11. (10) Dessus du corps noir. Mesocorie avec une tache discoïdale, ponctiforme, blanche. Bord externe du connexivum avec une très fine ligne continue, jaunâtre, au moins sur les derniers segments.

(1) Le *Sehirus impressus. Horv.* 1880 de Carinthie, dont j'ai vu un exemplaire typique, ne me paraît pas distinct de cette forme,

6. S. Biguttatus. *Lin.*— Peu convexe, d'un noir peu brillant. Tête à bords réfléchis, enfoncée jusqu'au milieu des yeux dans une profonde échancrure antérieure du pronotum ; épistome ordinairement enclos par les joues, quelquefois libre. Pronotum à ponctuation grossière, assez espacée, un fort sillon transverse. Membrane brune. — Quelquefois, disent les auteurs, la tache blanche de la corie disparaît. — L. 6- 7.

La plus grande partie de la France, souvent sur les bruyères ; plus rare dans le Midi.

12. (9) Tibias avec un large anneau blanchâtre vers la base.

7. S. Maculipes. *M. R.* — Ovale, d'un noir brun à reflet légèrement bronzé, brillant, assez densement ponctué. Tête à bords réfléchis, un peu échancrée en avant. Pronotum sensiblement sillonné en travers. Membrane enfumée. — L. 4 $^1/_2$-5 $^1/_2$.

Provence, Languedoc, Bourg-d'Oisans. Commun à Beaune sur le *Centrantus angustifolius*, en septembre. (André).

GNATHOCONUS. *Fieb.*

1. (4) Côtés des élytres avec un rebord pâle, blanc ou roux.

2. (3). Rebord latéral des cories et partie de l'exocorie voisine de ce rebord d'un blanc d'ivoire. Epistome plus court que les joues ce qui forme une forte échancrure en avant de la tête.

1. G. Albomarginatus. *Fab.* — Ovalaire, subdéprimé, noir à reflet légèrement bronzé ; assez fortement ponctué. Joues réfléchies en avant et sur les côtés ; les deux premiers articles des antennes roussâtres. Pronotum un peu sillonné en travers, surtout sur les côtés, la carène latérale très fine, un peu roussâtre. Membrane d'un blanc jaunâtre. Pattes brunes ou un peu roussâtres. Tibias antérieurs avec une ligne d'épines en-dessus. — Long 3 $^1/_2$-4 $^1/_2$.

Toute la France, peu commun. Fieber l'indique sur la *Clematis erecta*.

3. (2) Rebord latéral des cories roux, cette couleur bien limitée au rebord même et arrêtée à la première ligne de points. Tête non échancrée en avant ; épistome aussi long que les joues.

2. G. Picipes. *Fall.* (*Costalis. Fieb.*) — Ovalaire, convexe, noir à reflet légèrement bronzé, assez fortement ponctué. Joues peu réfléchies sur les côtés. Antennes en grande partie roussâtres. Pronotum un peu sillonné en travers surtout sur les côtés, sa carène latérale concolore. Pattes noirâtres, les tibias souvent roussâtres. Tibias antérieurs sans ligne d'épines en-dessus. — L. 3 $^1/_2$-4 $^1/_2$.

Toute la France, peu commun. Fieber l'indique sur divers *Galium*.

4. (1) Elytres entièrement noires, même sur le rebord externe.

3. G. Concolor. *M. R.* — Diffère très peu du *picipes* et par des caractères qui me paraissent insuffisants : d'un noir bleuâtre plus brillant, un peu moins convexe ; tête non échancrée à bords non ou peu réfléchis, rebord latéral des cories plus étroit et concolore. L. 3 $^1/_2$.

Saint-Raphaël.

OCHETOSTETHUS. *Fieb.*.

1. O. Nanus. *H.-.S.* (*Pygmæus. Ramb.*) — Oblong, subparallèle, noir, mat, quelquefois un peu rougeâtre sur les élytres, à ponctuation serrée, ruguleuse. Tête arrondie en avant, à bords finement réfléchis. Pronotum déprimé sur sa moitié postérieure excepté sur les côtés. Écusson un peu rebordé, avec une fossette au sommet. Élytres à bord externe tranchant, un peu réfléchi ; nervure radiale bifurquée, costiforme, ainsi que la suture du clavus. Membrane blanchâtre, réticulée de noir. Tarses ferrugineux. — L. 3.-4.

Assez commun dans toute la France méridionale maritime ; il s'en éloigne cependant souvent et a été trouvé à Montauban, dans l'Ardèche, les Pyrénées et même à Troyes (d'Antessanty) ; quelquefois avec les fourmis.

Trib. II. PENTATOMINI.

TABLEAU DES DIVISIONS.

1. (2) Pronotum à côtés lamellaires, tranchants, ainsi que le bord de la tête et la base des élytres. Mesosternum canaliculé. (Tête plus large que la base de l'écusson (Excepté *Dyroderes*). Insectes testacés plus ou moins ponctués de noir ou de brun.)

SCIOCORARIA

2. (1) Côtés du pronotum plus ou moins obtus, non lamellaires. Tête plus étroite que la base de l'écusson.

3. (4) Mesosternum canaliculé. Propleures avancées au côté antéro-interne en lame tranchante jusqu'au niveau du milieu des yeux. Rebord latéral du pronotum en bourrelet obtus qui s'infléchit brusquement en-dessous au niveau de l'angle latéral postérieur, qui ne paraît pas rebordé vu en-dessus. (Tête triangulaire, convexe, joues longuement prolongées et réunies au delà du clypéus ; bord apical de la corie arrondi.)

ÆLIARIA. (1)

4. (3) Mesosternum caréné. Propleures non avancées en lames tranchantes (excepté *Staria*) Rebord latéral du pronotum continu et visible en-dessus jusqu'au delà de l'angle latéral postérieur.

5. (6) Orifices odorifiques bien distincts, marginés ou continués par un sillon fermé au sommet, entourés d'une aire d'évaporation opaque et rugueuse.

PENTATOMARIA.

6. (5) Orifices odorifiques indistincts, ou peu distincts, non marginés ; aire d'évaporation nulle ou très restreinte. Bords de la tête fortement réfléchis. Insectes à couleurs vives, bleus ou verts métalliques variés

(1) Les Ælia ont une grande analogie avec les *Odontotarsus* de la famille des Scutelleridæ, mais il en est de ce rapprochement comme de beaucoup d'autres qui ne peuvent être exprimés d'une façon satisfaisante dans la classification linéaire.

de rouge, de jaune ou de blanc. Bord antérieur du pronotum avec un bourelet bien limité par un sillon dans le seul genre de cette division que l'on trouve en France. ([1]). STRACHIARIA.

DIV. 1. SCIOCORARIA.

TABLEAU DES GENRES.

1. (4) Tête plus large ou aussi large que la base de l'écusson. Pronotum trapezoïde, régulièremeut convexe; pas de dent près de l'angle antérieur.

2. (3) Tête en demi-cercle; yeux petits, entièrement enchassés dans le bord de la tête, qui les dépasse même, en avant. Tibias très épineux. MENACCARUS.

3. (2) Tête en ogive ou subarrondie; yeux dépassant plus ou moins les bords de la tête. Tibias brièvement épineux ou presque inermes. SCIOCORIS.

4. (1) Tête plus étroite que la base de l'écusson. Pronotum à marge très dilatée et relevée ce qui le rend concave en-dessus; une petite dent près de l'angle antérieur. (Yeux non complètement enchassés dans les côtés de la tête.) DYRODERES.

MENACCARUS. *Am. S.*

(OPLOSCELIS, *M. R*).

1. M. ARENICOLA. *Scholtz.* (*Pallidus. Perris, Ciliatus. Muls. R.*)—En ovale très large; d'un blanchâtre flavescent très pâle, avec des points noirs plus ou moins nombreux sur la tête, le pronotum et les cories; ces points concolores sur les bords du pronotum. Bords de la tête et du pronotum munis d'une rangée de cils

(1) Les Strachiaires présentent sur chaque segment ventral, de chaque côté, en-dessous des stigmates un sillon transverse très apparent, surtout dans les genres *Bagrada* et *Stenozygum*, mais ce sillon se retrouve dans un assez grand nombre de Pentatomaires, surtout chez les *Tropicoris* et *Holcogaster*.

noirs et assez courts. Un petit calus blanchâtre sur le milieu du pronotum de chaque côté de la ligne médiane et un autre plus grand de chaque côté de la base de l'écusson. Corie un peu plus courte que l'écusson, tronquée à l'extrémité, un peu dilatée au bord externe à la base et légèrement sinuée après cette dilatation. Une petite tache noire sur chaque intersection du connexivum. Épines des tibias noires. L. 5.-7. — Quelquefois les cils marginaux manquent, mais les pores sétigères sont toujours bien visibles sur le bord de la tête.

Habite les plages maritimes et sablonneuses du Midi de la France, sur différentes plantes (*Calamogrostis arenaria, Melilotus altissimus, etc.*) ; Fréjus, Aigues-Mortes, Capbreton (Landes). Pourrait cependant se trouver en dehors de la région maritime, car j'en ai pris un exemplaire à l'Escorial.

Les exemplaires de la Russie méridionale sont notablement plus étroits, sans que je puisse trouver d'autres différences pour les caractériser (1).

SCIOCORIS. *Fall.*

1. 2) Yeux pédiculés, débordant de tout leur diamètre le bord de la tête (2). (Pronotum non ponctué de noir sur les côtés).

(1) Voici le tableau des espèces de la faune européenne que je connais :

A. Bords de la tête et du pronotum sans cils. Épines du tibias courtes et fines Cuisses maculées de brun. — *Deltocephalus. Fieb.* (Hongrie).

AA. Bords de la tête et du pronotum ciliés (les cils quelquefois caducs, dans ce cas, les pores sétigères toujours visibles au bord antérieur de la tête) Épines des tibias fortes, cuisses non maculées de brun.

b. Bord externe de la corie non cilié. Antennes non hispides.

C. Cuisses avec des cils spiniformes courts et noirs. Bord externe de la corie dilaté à la base, et un peu sinué après cette dilatation. — *Arenicola. Scht.* (France, Espagne, Italie, Russie, Algérie).

CC. Cuisses avec de longues soies fléxibles — Bord externe de la corie non dilaté ni sinué à la base. — *Ovalis. Put.* (Biskra).

BB. Bord externe de la corie longuement cilié sur la dilatation basale. Antennes hispides. Cuisses avec de longues soies flexibles. — *Hirticornis. Put.* (Algérie, Sicile, Syrie).

Obs. Le *M. Dohrnianus. M. R.*, de Sicile, n est, d'après l'examen du type conservé dans la collection Signoret, qu'un *hirticornis*, qui a perdu ses cils.

(2) Pour bien voir ce caractère, il faut regarder l'insecte en avant et prolonger la ligne d'un des côtés de la tête vers l'œil : dans le *Macrocephalus* cette ligne laisse l'œil entier en dehors ; dans les autres espèces, elle le coupe par le milieu tout au plus.

1. S. Macrocephalus. *Fieb.* — Flavescent, ponctué de brun, excepté sur les côtés du pronotum et la base de l'exocorie où les points sont concolores. Corps assez allongé, peu convexe. Tête assez allongée ; yeux petits, leur pédicule flave. Côtés du pronotum finement réfléchis. Écusson non sillonné, à peine plus long que les cories, ayant ordinairement une tache ponctiforme noire à l'extrémité. Membrane transparente, quelques traits rembrunis sur les nervures. Ventre et côtés de la poitrine flaves, peu ponctués de brun. Cuisses ponctuées de brun. Troisième article des antennes d'un tiers plus court que le deuxième. — L. 6.-7.

Toute la France, excepté peut-être au nord de Paris. Vosges, Gray, Lyon, Avignon, Montpellier, Var, Alpes, Pyrénées, Corse, etc.

Obs. Le *S. Conspurcatus. M. R.*, d'après l'examen du type, confirmé par la description, n'est qu'un *Macrocephalus.* — Je ne connais pas le *Conspurcatus. Klug*, qui ne paraît pas se trouver en Europe.

2. (1) Yeux non pédiculés.

3. (14) Ventre non marqué de deux bandes longitudinales noires sur les flancs, ni d'une grande tache noire sur le milieu du sixième segment. Bord externe des métapleures flave.

4. (9) Côtés du pronotum ponctués de brun comme le disque et par conséquent sans bande ou sans tache plus pâle sur les côtés.

5. (8) Pronotum convexe, non aplati en avant ; angles antérieurs simplement émoussés au sommet ; côtés graduellement rétrécis vers l'avant. Côtés de l'écusson droits.

6. (7) Troisième article des antennes plus court que le deuxième. Yeux petits, enchassés à moitié dans les côtés de la tête. Pronotum aussi long ou plus long au milieu que la tête. Écusson plus long que la corie à l'angle postéro-externe qui est arrondi.

2. S. Microphthalmus. *Flor.* (*Umbrinus Pz. Fieb. Curtipennis. M.R*). — Ovale, un peu convexe, d'un jaune brunâtre, densement ponctué de brun. Tête un peu allongée, à bords réfléchis. Pronotum à sillon transverse très superficiel ; côtés très finement réfléchis ; portion médiane droite de l'échancrure antérieure

plus étroite que la partie postérieure de la tête. Bord postérieur de la corie subarrondi. Connexivum confusément annelé. Ventre flavescent, densement ponctué de brun. Pattes fortement ponctuées de noir. — L. 5-7.

Une grande partie de la France, surtout montagneuse; assez rare : Paris, Vosges, Gray, Lyon, Vallouise (Hautes-Alpes), Gavarnie (Hautes-Pyrénées).

7. (6) Troisième article des antennes aussi long que le deuxième. Yeux grands, enchassés des deux tiers dans les côtés de la tête. Pronotum plus court au milieu que la tête. Écusson aussi long que les cories à l'angle postéro-externe, qui est aigu.

3. S. Umbrinus. *Wolff. M. R.* (*Brevicollis. Fieb. Fieberi. Flor*). — Très voisin du précédent dont il diffère, outre les caractères ci-dessus, par le sillon transverse du pronotum plus prononcé, la partie droite de l'échancrure antérieure plus large, la présence d'un très petit point calleux blanc sur le milieu du pronotum de chaque côte de la ligne médiane, la corie plus longue, son bord postérieur non arrondi. — L. 5.-7.

Paraît très rare en France : Gérardmer (Hautes-Vosges); Basses-Alpes.

8. (5). Pronotum très large, déprimé surtout sur sa moitié antérieure et même subconcave latéralement; angle antérieur largement arrondi. Côtés arrondis et brusquement rétrécis en avant. Écusson large à la base et un peu sinué sur les côtés après la base.

4. S. Homalonotus. *Fieb.* — Voisin des précédents pour la couleur et l'aspect, mais bien distinct par sa taille bien plus grande, sa forme plus large et plus déprimée. Tête assez large, à bords un peu réfléchis; yeux petits, enchassés de moitié dans les côtés de la tête; troisième article des antennes aussi long que le deuxième. Pronotum plus long au milieu que la tête, deux fois plus large aux angles latéraux que long au milieu; sillon transverse à peine sensible; portion droite médiane de l'échancrure antérieure bien plus étroite que le derrière de la tête, pas plus large que la partie oblique qui la suit de chaque côté. Côtés élargis, l'extrême bord

imperceptiblement réfléchi. Corie à angle postéro-externe obtus, presque aussi longue en ce point que l'écusson. L. 7-8 $^1/_2$.

Rare : Hyères, Fréjus, Marseille, Avignon.

9. (4). Pronotum non ponctué de noir sur les côtés, ou au moins sur la moitié antérieure de ses côtés.

10. (13). Écusson non sillonné longitudinalement, ses côtés non relevés. Côtés du pronotum avec une bande flave, n'allant pas jusqu'à la base. Tête courte et large.

11. (12). Membrane blanche, immaculée. Deuxième et troisième articles des antennes subégaux. Ponctuation noire du dessus du corps fine, éparse, irrégulière et laissant libres de nombreux espaces lisses, flaves (1).

5. S. Fissus. *M. R.* — Court et assez convexe. Tête très large, presque semi-circulaire, souvent un peu échancrée au sommet ; yeux très grands, presque entièrement enchassés. Pronotum à échancrure antérieure très large et très peu profonde ; ligne médiane ordinairement lisse et flave et prolongée sur l'écusson ; disque à ponctuation fine et à larges espaces imponctués ; bande flave latérale large et atteignant presque la base, ordinairement un trait noir externe un peu avant l'angle latéral. Cories aussi longues que l'écusson à l'angle postéro-externe qui est aigu. Connexivum un peu annelé de noirâtre. Dessous du corps et pattes peu ponctués de brun. L. 5-6.

(1) *Sciocoris fumipennis Put.* — Dalmatie, Istrie, Italie septentrionale. Espèce intermédiaire entre le *fissus* et le *maculatus* ; il a tout à fait la forme, la couleur et la taille du *maculatus* ; il en diffère par sa membrane uniformément et fortement enfumée, non maculée ; sa ponctuation noire encore plus serrée et cependant beaucoup plus fine, ce qui lui donne un aspect mat ; l'écusson très visiblement caréné dans toute sa longueur avec l'extrémité largement pâle ; la tête plus allongée, subparallèle sur les côtés ; les yeux très gros, à peine enchassés de moitié ; le pronotum moins régulièrement convexe, à sillon transverse plus apparent ; les côtés du disque en avant plus excavés le long des bords ; la tache flave un peu plus étendue en arrière ; l'échancrure antérieure est, comme dans le *maculatus*, très large, arquée et peu profonde. Deuxième article des antennes à peine d'un quart plus long que le troisième. Ventre pâle, à ponctuation obscure, très fine et assez dense. Il diffère en outre du *fissus* par sa membrane brune, sa ponctuation très fine et serrée, sans espaces lisses ; la tête moins large, plus longue, les yeux plus gros et surtout moins enchassés. le pronotum moins régulièrement convexe, l'écusson plus manifestement caréné.

Hyères, Fréjus; très commun sur les dunes de la plage sur le *Calamogrostis arenaria.* — Aussi en Espagne, Italie, Algérie. — J'ai répandu cette espèce par erreur dans les collections sous le nom de *Conspurcatus.* — Quelques exemplaires sont presque entièrement flaves, à peine ponctués de noir.

12. (11). Membrane blanche parsemée de taches brunes, arrondies. Deuxième article des antennes de moitié plus long que le troisième. Dessus du corps à ponctuation noire, forte, serrée et régulièrement espacée.

6. S. Maculatus. *Fieb.* (*Auritus. M. R.*).— Court et assez convexe, flavescent à ponctuation noire, forte et serrée. Tête un peu plus longue que large; yeux très gros, à peine enchassés à moitié. Pronotum assez convexe; sillon transverse peu marqué; échancrure antérieure très large, peu profonde et arquée; bordure flave latérale dépassant un peu en s'amincissant le sillon transverse; un trait noir marginal en avant de l'angle latéral. Cories à angle externe aigu, aussi longues en ce point que l'écusson; côte médiane large et imponctuée. Extrémité de l'écusson flave. Connexivum annelé. Ventre flave, le milieu du deuxième segment ordinairement noir. L. 5-6.

Commun en Provence, Languedoc, Corse.

Var. Gravenhorsti. Fieb. (*Leprieuri. M. R. Sideritidis. Wollast*). — Ventre avec une grande tache triangulaire noire, occupant tous ses segments; quelquefois une bande noirâtre sur le bord postérieur du pronotum. Cette variété est commune en Algérie.

Obs. Le *S. Assimilis. Fieb.*, d'Allemagne, autant que je puis en juger par un type en très mauvais état, diffère de l'espèce précédente par la tête plus triangulaire, à bords plus réfléchis, ainsi que ceux du pronotum; celui-ci a les côtés moins arqués, presque droits, l'échancrure antérieure peu profonde, non arquée; l'écusson moins large à la base et moins sinué latéralement.

13 (10). Écusson superficiellement sillonné longitudinalement, ses côtés légèrement relevés. Côtés du pronotum avec une large bordure flave atteignant la base. Tête triangulaire.

7. S. Sulcatus. *Fieb.* (*Augustipennis. M. R.*). — Corps en ovale allongé, subdéprimé, flave, parsemé de points noirs qui souvent se réunissent en lignes longitudinales sur la tête, le pronotum et l'écusson. Tête peu inclinée, en triangle allongé ; yeux médiocres, presque entièrement enchassés dans les côtés de la tête ; deuxième et troisième articles des antennes subégaux. Pronotum subdéprimé ; côtés peu arqués ; sillon transverse à peine visible ; échancrure antérieure non arquée. Un point noir à la base de l'écusson de chaque côté. Corie plus courte que l'écusson. Membrane courte, légèrement enfumée, non maculée, ses nervures un peu brunâtres. Connexivum à intersections très obliques, linéées de noir. Dessous du corps et pattes flaves, peu ponctués de brun. — L. 6-7.

Provence, Languedoc, Isère, Corse.

14. (3). Ventre marqué sur les flancs d'une large bande longitudinale noire, arquée, qui se réunit à une grande tache noire sur le milieu du sixième segment. Métapleures avec une tache carrée noire au bord antéro-externe (Côtés du pronotum avec une bordure flave, complète).

15. (16). Corie plus courte ou à peine aussi longue que l'écusson. Membrane plus courte que l'abdomen. Taille plus faible.

8. S. Terreus. *Schr.* (*Umbrinus. Fall. Flor. Naucoris cursitans. Fab.*). — Ovale, un peu élargi en arrière, assez convexe, flave grisâtre, à points noirs assez denses et formant de petites taches sur les cories. Tête inclinée, triangulaire ; yeux assez grands, presque entièrement enchassés ; deuxième article des antennes d'un quart plus long que le troisième. Pronotum avec une bordure latérale flave, étroite, entière ; côtés presque droits ; échancrure antérieure un peu arquée. Angle externe de la corie aigu. Membrane enfumée, courte. Dessous du corps et pattes assez densement ponctués de noir. L. 5-6.

Commun dans toute la France, surtout sous les *Herniaria* et autres plantes basses dans les lieux sablonneux.

16. (15) Corie plus longue que l'écusson. Membrane plus longue que l'abdomen. Taille plus grande.

9. S. Helferi. *Fieb.*— Extrêmement voisin du précédent et difficile à distinguer. Il n'en diffère que par sa taille plus grande, moins dissemblable suivant les sexes ; sa forme plus parallèle, moins élargie en arrière ; par sa tête un peu plus courte et plus large ; son pronotum à côtés plus arrondis, à échancrure antérieure plus droite au milieu, par sa bordure flave plus large ; par sa corie et sa membrane plus longue ; par sa couleur ordinairement plus ferrugineuse. L. 6 $^1/_2$-7.

Midi de la France : Marseille, Cette, Corse.

DYRODERES. *Spin.*

1. D. Marginatus. *Fab.* — En ovale très large, roux en dessus, densement ponctué de noir ; une grande tache blanche parsemée de quelques points noirs aux angles antérieurs du pronotum. Bord externe de la corie à la base et sommet de l'écusson blanchâtres ; connexivum noir avec une bande blanche au milieu de chaque segment. Tête et partie antérieure du pronotum concaves. Pattes blanchâtres à gros points noirs. Ventre flave, les trois premiers segments d'un noir bronzé, excepté sur les côtés ; une grande tache carrée de même couleur sur le milieu du sixième segment. L. 8.

Une grande partie du Midi de la France et de la Corse. Se trouve plus au Nord à Evreux et à Morlaix.

Div. 2. ÆLIARIA.

TABLEAU DES GENRES :

1. (2). Tête peu infléchie, en triangle très allongé. Corie munie un peu en dedans du bord externe d'une côte longitudinale lisse. Pronotum impressionné transversalement et avec trois carènes dorsales longitudinales. Deuxième article des antennes n'atteignant pas le sommet de la tête.

Ælia.

2. (1). Tête courte, épaisse, fortement infléchie. Corie sans côte longitudinale lisse en dedans du bord externe. Pronotum non impressionné transversalement et avec une seule carène longitudinale sur le disque. Deuxième article des antennes dépassant le sommet de la tête.

Neottiglossa.

ÆLIA. *Fab.*

1. (2). Cuisses intermédiaires et postérieures avec deux gros points noirs en-dessous, un peu avant l'extrémité.

1. Æ. Acuminata. *Lin.* (*pallida. Küst. rostrata. M. R.*) —D'un flave très pâle; une côte élevée, longitudinale, lisse, depuis la tête jusqu'à près de l'extrémité de l'écusson, bordée de chaque côté de points noirâtres; une autre côte moins apparente, de chaque côté de la médiane, sur le lobe antérieur du pronotum et sur la base de l'écusson. Nervure radiale de la corie lisse, costiforme. Dos de l'abdomen noir, une tache flave, triangulaire, sur le dernier segment; connexivum flave. Dessous du corps et pattes flaves; toutes les cuisses avec deux gros points noirs; ventre avec six lignes de points noirs, réunis par groupes, quelquefois sans points noirs. Tête allongée, triangulaire; ses côtés légèrement sinués en avant des yeux et fortement avant l'extrémité qui est légèrement dilatée. Repli des joues formant en-dessous et en avant une élévation tuberculeuse séparée des lames génales par une échancrure quadrangulaire profonde. Deuxième article des antennes plus court de moitié que le troisième. Côtés du pronotum en bourrelet lisse, un peu sinués vers le milieu. Bord supérieur du segment génital du mâle avec une échancrure triangulaire au milieu, droit de chaque côté de cette échancrure jusqu'à l'angle externe qui est tronqué. — L. 8.-9.

Commune dans toute la France sur diverses plantes, souvent sur les genêts.

Obs. L'*Æ. Burmeisteri. Küst.* n'est pour moi qu'une variété peu importante de l'espèce précédente et n'en diffère que par des caractères très légers. Ces caractères sont d'après Fieber : Joues presque en ligne droite en-dessous en avant et suivies sans ressaut par les lames génales. Côtés de la tête sinués seulement vers l'extrémité et droits en avant des yeux. Côtés du pronotum non sinués. Cuisses antérieures sans points noirs. Ventre avec seulement deux lignes de points noirs à peine visibles.

2. (1) Cuisses avec un seul petit point noir en-dessous ou sans point noir.

3. (4). Corie avec une ligne longitudinale noire le long de la nervure radiale.

2. Æ. Klugii. *Hah.* — Disposition des couleurs à peu près semblable à celle de l'*Acuminata*, mais d'un fauve orangé, forme un peu plus étroite ; bien distincte de toutes les espèces, par la ligne noire des cories et par la disposition du repli des joues en-dessous, qui forme en avant et de chaque côté un bourrelet saillant, arrondi, séparé des lames génales par un ressaut assez profond. Cuisses sans point noir. Deuxième article des antennes à peine plus court que le troisième. — L. 8.

Très rare en France : Nord, Metz, Strasbourg.

4. (3) Nervure radiale non bordée d'une ligne noire au côté interne.

5. (8) Tête en triangle allongé, mais sinuée avant l'extrémité qui est un peu dilatée, avec les côtés subparallèles depuis la sinuosité jusqu'au bout. Lames génales élevées, dentées ou un peu anguleuses, et séparées en avant du repli antérieur des joues par un ressaut sensible.

6. (7) Lames génales formant en avant une dent triangulaire aiguë.

3. Æ. Rostrata. *Boh.* (*Acuminata. M. R.*) — Disposition des couleurs et de la sculpture tout à fait semblable à ce qui existe chez l'*Acuminata*, dont elle diffère, outre les caractères déjà indiqués, par sa taille beaucoup plus grande et sa teinte un peu plus foncée. Deuxième article des antennes à peu près aussi long que le troisième. Toutes les cuisses ordinairement avec un seul petit point noir en-dessous avant l'extrémité. Ventre quelquefois sans points noirs, normalement avec six lignes noirâtres, formées de points noirs plus ou moins réunis en groupes. Bord supérieur du segment génital du mâle ayant au milieu une profonde échancrure semi-circulaire et de chaque côté de celle-ci une échancrure triangulaire, de sorte que ce bord supérieur est partagé en quatre lobes trapezoïdes, les deux externes plus élevés que les deux internes. — L. 11-12.

Commune dans la France méridionale et moyenne, ne paraît pas se trouver au nord de Paris.

7. (6). Lames génales simplement coupées obliquement en avant, mais non dentées.

4. Æ. Cognata. *Fieb.* — Cette espèce ne diffère de la *Rostrata* que par la forme de ses lames génales et celle du segment génital du mâle. Le bord supérieur de ce segment présente au milieu une petite échancrure triangulaire et de chaque côté de cette échancrure une légère sinuosité. — L. 11.-12.

Midi de la France : Avignon, Aiguesmortes, Tarascon, Béziers, Toulouse, etc.; aussi en Espagne (Escorial), Sicile, Algérie (Bône).

8. (5) Tête en triangle très allongé, terminée en pointe fine; nullement sinuée sur les côtés qui sont droits depuis l'œil jusqu'à l'extrémité. Lames génales peu élevées, non anguleuses ni dentées, faisant suite sans ressaut au repli antérieur inférieur des joues.

5. Æ. Germari. *Kust.* — Ressemble en tout aux deux précédentes espèces dont elle ne diffère que par la forme de la tête. La forme du segment génital du mâle est la même que dans la *Cognata*. Les cuisses et le ventre n'ont ordinairement pas de points noirs. L. 12.

Se rencontrera probablement en Corse, parce qu'elle se trouve en Sardaigne. Aussi en Dalmatie et Algérie (Bône, Géryville.)

NEOTTIGLOSSA *Curt.*

(Æliodes. *Dohrn.* Platysolen. *Fieb.*).

1. (4). Côtés du ventre noirs en dehors des stigmates jusqu'à l'extrème bord du connexivum qui seul est pâle. Exocorie ponctuée de noir.

2. (3) Côtés du pronotum droit. Angle postero-externe de la corie aigu.

1. N. Flavomarginata. *Luc.* (*Grisea. Fieb.*). — D'un flave grisâtre livide, ponctué de noir; une ligne flave, non ponctuée, non élevée, peu apparente sur la tête, le pronotum et les trois quarts antérieurs de l'écusson. Deuxième et troisième articles des antennes subégaux. Côtés du pronotum en bourrelet lisse blanchâtre avec une fine ligne noire à l'extrème bord. Un calus allongé, blanchâtre, lisse, de chaque côté de la base de l'écusson et se prolongeant en ligne blanchâtre, mais ponctuée de noir, sur les côtés. Corie aussi longue que l'écusson. Pattes flaves presque inponctuées. Ventre flavescent vers le milieu, plus noir sur les flancs et surtout sur les côtés.. — L. 7 $^{1}/_{2}$.

Très rare : Hyères, Toulon, Marseille, Nimes. Avignon.

3. (2) Côtés du pronotum légèrement sinués. Angle postero-externe des cories arrondi.

2. N. Inflexa. *Wolff.* — D'un flave grisâtre livide, ponctué de noir ; tête presque entièrement noire ; une ligne flave, imponctuée, très peu apparente sur le vertex, le pronotum et les trois quarts antérieurs de l'écusson. Troisième article des antennes d'un quart plus court que le deuxième. Un petit calus blanchâtre de chaque côté du disque du pronotum ; côtés en bourrelet lisse, blanchâtre avec une fine ligne noire à l'extrême bord. Un calus blanchâtre, lisse, allongé, de chaque côté de la base de l'écusson, une petite tache noire au sommet. Corie aussi longue que l'écusson. Ventre entièrement d'un noir bronzé. Pattes flaves avec des points noirs, dont deux plus grands en-dessous des cuisses avant les genoux. — L. 6.

Var. lineolata. M. R.—Ventre avec une large bande flavescente sur les flancs en dedans des stigmates.

Toute la France ; le type plus commun au nord, la variété au midi.

4. (1). Côtés du ventre flaves en dehors des stigmates. Exocorie à points flaves. Côtés du pronotum droits.

5. (6) Corie beaucoup plus courte que l'écusson. Ordinairement une petite tache noire, à l'extrémité de la corie.

3. N. Leporina. *H.-S.* — D'un flave grisâtre ponctué de noir, la ligne médiane à peine sensiblement plus pâle. Troisième article des antennes un peu plus court que le deuxième ; les deux derniers noirâtres. Côtés du pronotum en bourrelet lisse blanchâtre bordé d'une très fine ligne noire. Écusson d'un cinquième plus long que la corie, large, fortement sinué sur les côtés, subparallèle après cette sinuosité et ensuite brusquement arrondi ; une petite tache noire à l'extrémité ; un calus lisse, blanchâtre, de chaque côté de la base, qui est fortement ponctuée avec des rugosités transversales. Mesocorie plus longue que l'exocorie et avec une petite tache au sommet formée de quelques points noirs. Ventre flave au milieu avec les flancs noirâtres en dedans des stigmates. Pattes jaunâtres, cuisses avec deux gros points noirs. — L. 6.

France moyenne et méridionale ; ne dépasse peut-être pas Paris au nord.

6. (5) Corie aussi longue que l'écusson.

4. N. Bifida. *Costa.* — Extrêmement voisin du précédent et difficile à distinguer ; il n'en diffère que par ses cories plus longues, sans tache noire apicale, ses antennes entièrement jaunâtres et surtout son écusson non ridé transversalement à la base, plus triangulaire, moins large, surtout après la sinuosité latérale, qui est moins profonde. — L. 6.

France méridionale jusqu'à Lyon.

Div. 3. PENTATOMARIA.

TABLEAU DES GENRES.

1. (28) Ventre non sillonné longitudinalement au milieu. Bord antérieur du pronotum sans bourrelet lisse. Bec dépassant très rarement les hanches postérieures.

2. (21) Deuxième segment ventral sans pointe ni tubercule au milieu à la base.

3. (4). Prosternum présentant de chaque côté antero-interne un lobe arrondi, lamellaire, qui complète le sillon rostral. (Tête triangulaire, épistome libre ; deuxième article des antennes égal au troisième ; orifice odorifique prolongé extérieurement en canal.)

Staria.

4. (3). Prosternum sans lobe lamellaire en avant.

5. (8). Orifices odorifiques marginés ou auriculés, courts, non prolonge extérieurement en un sillon ou élèvation transverse. (Tête presque quadrangulaire en avant des yeux.)

6. (7). Base du pronotum débordant de chaque côté celle de l'écusson (Tibias non sillonnés en-dessus).

DALLERIA. (1)

7. (6). Base du pronotum ne débordant pas celle de l'écusson (Tibias sillonnés ou non en-dessus).

EYSARCORIS (2).

8. (5). Orifices odorifiques prolongés extérieurement en un sillon transverse plus ou moins long.

9. (10). Tête convexe, fortement inclinée, subtriangulaire ; joues très étroites au sommet et écartées l'une de l'autre, ce qui rend la tête bifide bien que l'épistome soit enclos (Troisième article des antennes aussi long que le deuxième. Bec atteignant les hanches postérieures. Bord latéral du pronotum en bourrelet obtus. Connexivum débordant à peine les cories).

RUBICONIA.

10. (9). Tête plane au moins vers le sommet, obtusement arrondie à l'extrémité ; joues non acuminées.

11. (16). Poitrine marquée d'un point noir au côté externe de chaque cotyle. Connexivum entrecoupé de noir sur un fond flave. Insectes jamais verts (3).

(1) Je réunis les genres *Dalleria* et *Onylia M. R.* dont le premier doit avoir les ongles simples et le deuxième dentés au milieu, parce que ce caractère ne peut être vu qu'au microscope et n'est pas accompagné d'autres. Ce caractère est même si mal établi que Stâl n'est pas d'accord avec Mulsant et indique pour les deux genres les ongles appendiculés tandis qu'ils seraient simples seulement dans les *Eysarcoris*,

(2) Je réunis les genres *Eysarcoris* et *Analocus* Stâl, qui d'après l'auteur, doivent avoir, le premier les tibias sillonnés, le deuxième non sillonnés, parce que, en réalité, ce sillon bien visible dans *perlatus* et presque nul dans *melanocephalus*, est faible mais bien visible dans *inconspicuus*. D'ailleurs, un caractère unique est insuffisant pour moi quand il n'est pas accompagné de différences dans le *facies*.

(3) Il paraîtra sans doute singulier de me voir prendre la coloration comme caractère de genres ; en celà, je suis d'accord avec Mulsant et aussi avec le plan de mon travail qui est d'arriver le plus facilement et le plus sûrement possible à la détermination des espèces françaises. Mais, en outre, dans ce cas particulier, ce caractère m'a paru plus fixe et plus important que ceux choisis par les autres auteurs ; ainsi Amyot, Fieber, etc., se sont servis de l'épistome enclos ou libre, mais le genre Dryocoris doit être supprimé parce qu'il ne diffère des Peribalus que par ce caractère unique et le *Carpocoris lynx* présente des exemplaires où l'épistome est parfaitement enclos. La longueur relative des deuxième et troisième articles des antennes, employée par Stâl comme caractère de division, n'est pas un meilleur caractère puisqu'il varie dans la même espèce et que les *Palomena prasina* et *viridissima*, espèces si voisines que peu d'auteurs les admettent, devraient être, d'après ce caractère, séparées dans deux genres très éloignés.

12. (15). Deuxième article des antennes pas plus long que le troisième.

13. (14). Tête peu dilatée, bords latéraux distinctement sinués ; tubercules antennifères dépassant un peu les côtés de la tête. Connexivum peu visible en dessus (Cuisses avec deux taches noires en-dessus au tiers externe. Epistome libre ; bec atteignant les hanches postérieures).

HOLCOSTETHUS.

14. (13). Tête dilatée ; ses bords non sinués. Tubercules antennifères entièrement cachés par les côtés de la tête. Lames génales abruptement coupées à angle droit en avant. Connexivum bien visible en-dessus (Epistome libre ou enclos).

PERIBALUS.

15. (12). Deuxième article des antennes deux fois aussi long que le troisième (Epistome ordinairement libre).

CARPOCORIS.

16. (11). Pas de point noir sur le côté externe de chaque cotyle. Connexivum non entrecoupé de noir et de flave. Insectes verts ou en grande partie verts (avec quelques variétés brunâtres chez les *Palomena*).

17 (20). Corps large. Epistome libre. Côtés de la tête entièrement aigus et réfléchis. Côtés du pronotum aigus, réfléchis ou non.

18. (19). Côtés du pronotum non réfléchis. Ventre glabre. Bord externe de la corie ponctué, non relevé en bourrelet. Connexivum débordant largement les cories. Bec atteignant les hanches postérieures (Sillon continuant extérieurement les orifices odorifiques terminé en dehors par un point noir).

PALOMENA.

19. (18). Côtés du pronotum réfléchis. Ventre très finement poilu. Bord externe de la corie en bourrelet lisse à la base. Connexivum débordant à peine les cories. Bec atteignant les deuxième ou troisième segments ventraux (Deuxième article des antennes d'un tiers plus grand que le troisième).

PENTATOMA.

20. (17). Corps plus étroit. Epistome enclos par les joues. Côtés de la tête aigus et réfléchis en avant, seulement obtus en devant des yeux. Côtés du pronotum obtus, lisses, non réfléchis (Deuxième article des

antennes deux fois plus long que le troisième. Bec atteignant l'extrémité des hanches intermédiaires).

BRACHYNEMA.

21. (2). Deuxième segment ventral muni au milieu de sa base d'un tubercule ou d'une pointe dirigée en avant.

22. (27). Premier article du bec n'atteignant pas la base de la tête. Angles latéraux du pronotum non dilatés ni pointus ; côtés non denticulés en avant.

23. (24). Un tubercule à la base du deuxième segment ventral (Connexivum entièrement flave).

NEZARA.

24. (23). Une longue pointe à la base du deuxième segment ventral, dirigée en avant entre les hanches.

25. (26), Pointe ventrale atteignant les hanches intermédiaires. Connexivum flave non entrecoupé de noir. Orifice odorifique long, continué par une élévation.

PIEZODORUS.

26. (25). Pointe ventrale atteignant les hanches antérieures. Connexivum entrecoupé de noir et de flave. Orifice odorifique court et subitement interrompu.

RHAPHIGASTER.

27. (22). Premier article du bec atteignant au moins la base de la tête. Angles latéraux du pronotum dilatés en aile et pointus ; côtés denticulés en avant (Deuxième segment ventral avec un tubercule au milieu de sa base. Bec atteignant le troisième segment ventral. Connexivum ordinairement noir et flave).

TROPICORIS.

28. (1). Ventre sillonné longitudinalement au milieu. Bord antérieur du pronotum muni d'un bourrelet lisse, bien limité par un sillon. Bec très long, atteignant le quatrième segment ventral (Epistome dépassant les joues, corie avec des reliefs lisses sur son disque).

HOLCOGASTER.

STARIA. *Dohrn.*

(RHACOSTETHUS. *Fieb.*).

1. S. LUNATA. *Hah.* (*Lobulata. Ramb.*). — En ovale large ; jaunâtre, ponctué de noir. Tête fortement sinuée en avant des yeux.

Deuxième et troisième articles des antennes subégaux. Côtés du pronotum droits, ponctués jusqu'au bord qui est à peine réfléchi. Écusson avec trois calus pâles, lisses, à la base ; le sommet avec un demi cercle apical jaune pâle. Membrane enfumée. Connexivum avec une tache noire sur chaque intersection en-dessus et en-dessous. Ventre ponctué de noir ; stigmates noirs ; un point noir au côté externe de chaque cotyle. Pattes ponctuées de noir ; deux points plus gros avant l'extrémité des cuisses en-dessous. L. 8.

Assez fréquente dans tout le Midi de la France, surtout sur les *Galium* ; plus rare dans la zone moyenne et seulement dans les régions chaudes de l'Alsace, de l'Yonne, etc.

DALLERIA. *M. R.*

1. (2). Extrémité de l'écusson avec une grande tache noire, finement bordée de blanc en arrière.

1. D. Pusilla. *H. S.* (*Binotata. Hah. Fieb.*). D'un gris blanchâtre, ponctué de noir, lavé de rouge vineux pâle sur la moitié postérieure du pronotum, les cories et l'écusson. Côtés du pronotum blanchâtres, légèrement sinués, très finement réfléchis. Un grand calus élevé, quadrangulaire, blanc, de chaque côté de la base de l'écusson. Exocorie blanchâtre extérieurement à la base. Membrane transparente. Dos de l'abdomen noir ; connexivum flave, un point noir sur chaque intersection. Dessous du corps et pattes jaunâtres, ponctués de noir. Mâle : extrémité de l'abdomen subtronquée ; femelle, un peu en cône obtus, mais non prolongée en pointe comme dans l'espèce suivante. L. 6.

Var. Consimilis. Costa (*Gibba. Fieb.*).— Dessus du corps grisâtre sans mélange de rouge.— Corse, Marseille.

Var. Grenieri. Mls. R.— Callosités scutellaires très petites (plus petites que dans l'*Eysarcoris inconspicuus*). Couleur flave très pâle, uniforme, à ponctuation concolore ou noirâtre seulement par places ; tache noire de l'extrémité de l'écusson, très peu apparente.— Cette variété curieuse, mais accidentelle, dont j'ai vu le type dans la collection Signoret, est l'analogue de la variété que je signale chez l'*Eysarcoris inconspicuus*.

Une grande partie de la France, mais rare : Vosges, Orléans, Yonne, Isère, Lyon, Agde. Le F. Télesphore me l'a fait prendre en nombre, au mois de juin 1881, sur l'*Ajuga iva*, aux Angles, près Avignon.

2. (1). Extrémité de l'écusson avec une tache blanche semi-lunaire, et pas de tache noire.

2. D. BIPUNCTATA. *Fab.* (*G. Onylia. M. R.*) — Même disposition de couleurs que le précédent, mais beaucoup plus grand, d'un rouge plus foncé, plus uniforme en-dessus, à ponctuation plus forte; diffère surtout par l'abdomen de la femelle qui est prolongé en long cône aigu. L. 8.

Rare et dans l'extrême Midi seulement: Var, Vaucluse, Landes, Pyrénées.

EYSARCORIS. *Hah.*

(EYSARCORIS, ANALOCUS ET STOLLIA. *Stål.*)

1. (2). Ecusson avec une grande tache triangulaire à la base d'un vert bronzé, violacé ou doré. Ventre entièrement d'un vert bronzé. Sillons des tibias presque nuls, visibles seulement au sommet.

1. E. MELANOCEPHALUS. *Fab.* — Dessus du corps blanchâtre, ponctué de noir, avec la tête, le devant du pronotum, excepté au milieu, la base de l'écusson, le ventre et les côtés de la poitrine d'un vert bronzé, doré ou violacé. Rebord des joues en avant, bourrelet calleux des côtés du pronotum blanchâtres. Une élévation calleuse blanche de chaque côté de la base de l'écusson. Angle latéral du pronotum peu saillant, arrondi. Connexivum blanchâtre, une tache noire sur chaque intersection. Antennes flaves, les deux derniers articles brunâtres. Pattes flaves à gros points noirs surtout au tiers externe des cuisses en-dessous. L. 5-6.

Toute la France et la Corse, sur diverses plantes : *Clinopodium*, *Stachys*, *Scrophularia*, etc.

2. (1). Écusson sans tache à la base. Ventre en partie seulement bronzé au milieu et sur les flancs. Sillons des tibias visibles sur toute leur longueur.

3. (4). Angle latéral du pronotum arrondi, ne dépassant pas le niveau du bord externe de l'exocorie. Callosités blanchâtres basales de l'écusson petites, ponctiformes. Sillons des tibias faibles.

2. E. INCONSPICUUS. *H. S.* (*Helferi. Fieb. Misellus. Stål, epistomalis. M. R.*). — Dessus du corps d'un blanc grisâtre ou légèrement jaunâtre, ponctué de brun. Tête d'un vert bronzé ; l'épistome un peu saillant, son sommet jaune. Les deux derniers articles des antennes brunâtres. Une tache d'un vert bronzé de chaque côté du pronotum sur les cicatrices ; bord antérieur blanchâtre comme les bords latéraux. Milieu du ventre d'un vert bronzé ; les flancs, en-dedans des stigmates, avec une bande vague formée de points bronzés plus denses que sur le reste de la surface. Un point noir sur chaque intersection du connexivum. Cuisses ponctuées de noir, surtout avant les genoux. L. 5-6.

Var. simplex. Put.—Écusson sans callosités blanches à la base. — Un exemplaire de Montpellier.

Var. Mayeti. M. R.— Bord postérieur du pronotum plus ou moins verdâtre. Cette variété me paraît accidentelle, car cette teinte verdâtre ou noirâtre est mal limitée et dans les deux exemplaires que je possède elle n'est pas symétrique. Les autres caractères donnés par Mulsant sont individuels et trop légers, et même l'exemplaire communiqué par M. Rey, comme type de Mulsant, présente le pronotum sans bande verte en arrière. Cette.

Commun dans le Midi de la France ; se retrouve à Mer (Loir-et-Cher).

4 (3). Angle latéral du pronotum aigu, saillant, dépassant le niveau du bord externe de l'exocorie. Callosités blanches de la base de l'écusson très grandes, oblongues et obliques. Sillons des tibias très forts.

3. E. PERLATUS. *Fab.* (*Aeneus. Fieb.*) — D'un blanc légèrement jaunâtre et fortement ponctué de noir en-dessus. Tête d'un vert bronzé ; épistome pas plus long que les joues. Pronotum ayant de chaque côté sur les cicatrices une grande tache d'un vert bronzé jusque sur le bord antérieur qui est de même couleur. Côtés du pronotum calleux et blanchâtres jusqu'à l'angle latéral. Ventre d'un vert bronzé sur tout son milieu et, sur les flancs, le commencement d'une bande de même couleur, unie à la base à la

grande bande médiane. Cuisses ponctuées de verdâtre, une grande tache verdâtre en-dessous avant le genou. — L. 5.-6.

Var. Spinicollis. Put. — Angle latéral du pronotum beaucoup plus acuminé, terminé par une pointe aiguë, suivie en arrière par une petite échancrure. — Un exemplaire d'Albertville, trouvé par M. Fairmaire qui en a enrichi ma collection. — Un autre de Hongrie dans la collection de M. de Horvàth.

Toute la France.

RUBICONIA. *Dohrn.*

(APARIPHE. *Fieb*).

1. R. INTERMEDIA. *Wolff.* (*Neglecta H. S.*) — Ovale, brune, à points noirs; ridée sur la partie postérieure du pronotum et la base de l'écusson. Tête d'un vert bronzé ainsi que le pronotum en avant et sur les côtés en dedans du bourrelet calleux latéral; celui-ci blanchâtre comme le bord externe de l'exocorie à la base. Extrémité de l'écusson blanchâtre; membrane brune. Ventre jaunâtre, densement ponctué de noir. Connexivum avec une tache noire sur chaque intersection. Pattes jaunâtres ponctuées de noir, surtout sur le milieu des cuisses où les points sont plus gros et confluents. — L. 6 $^1/_2$-7 $^1/_2$.

Probablement toute la France, plus commune au nord.

HOLCOSTETHUS. *Fieb. Stål.*

1. H. ANALIS. *Costa.* (*Jani. Fieb.*) — Roussâtre, ponctué de noir; pronotum et cories rendus inégaux par des espaces lisses, irréguliers, légèrement élevés. Côtés du pronotum droits, ponctués jusqu'au bord qui est concolore et sans bourrelet; angle antérieur avec une petite dent; angle latéral arrondi. Extrémité de l'écusson moins ponctuée et plus rougeâtre. Membrane brune. Dos de l'abdomen en grande partie rouge. Un petit point noir sur chaque intersection du connexivum. Dessous du corps flave, plus ou moins ponctué de noir sur les côtés, un point noir au côté externe de chaque cotyle. Ventre avec une grande tache carrée, noire, sur le milieu du sixième segment et dans les deux exemplaires de Saint-Raphaël, communiqués par M. Rey, une tache semblable

sur tous les segments et formant une grande bande médiane. La tache du sixième segment peut manquer puisque Fieber ne l'indique pas. Pattes d'un flave très pâle, transparentes, sans autres points noirs que les deux gros situés en-dessous au tiers externe. — L. 7 $^1/_2$.

France méridionale et Corse; très rare : Marseille (Blanc) Saint-Raphaël (Rey) Toulouse (Marquet).

PERIBALUS. *Mls. R.*

1. (4). Épistome enclos par les joues. Deuxième et troisième articles des antennes unicolores, jaunes ou rougeâtres. Écusson sans points calleux blanc de chaque côté de la base.

2. (3). Écusson largement jaunâtre à l'extrémité, qui est imponctuée ou ponctuée de points concolores. Cuisses densement ponctuées de noir en-dessus et en-dessous.

1. P. Vernalis. *Wolff.* — Dessus du corps flavescent ou ferrugineux densement ponctué de noir. Antennes rousses, le 4e article avec un auneau noir au milieu, le cinquième noir avec la base rousse. Côtés du pronotum légèrement sinués, leur rebord finement réfléchi et d'un flave pâle; angle antérieur avec une petite dent. Membrane brune. Connexivum avec une large bande noire, transverse, sur chaque intersection. Ventre avec de nombreux points noirs disposés en six larges bandes longitudinales. Cuisses et jambes densement ponctuées de noir en-dessus et en-dessous. — L. 10.

Toute la France, excepté peut-être l'extrême midi où il paraît remplacé par le suivant.

3. (2). Écusson ponctué de noir jusqu'à l'extrémité, qui est à peine et très étroitement pâle. Cuisses non ponctuées de noir en-dessus, avec seulement quelques points noirs, très épars, en-dessous.

2. P. Distinctus. *Fieb.* (*Strictus. Fab.? Stål.*). — Extrêmement voisin du précédent dont il n'est peut-être qu'une forme méridionale; il n'en diffère que par sa taille plus petite, par son écusson presque concolore à l'extrémité, par le quatrième article des antennes entièrement roux, par les pattes à peine ponctuées de noir et

en-dessous seulement, par le dessous du corps presque sans points noirs et enfin les côtés du pronotum un peu plus profondément sinués. — L. 8-8 $^1/_2$.

Corse et France méridionale jusqu'à Lyon.

4. (1). Épistome non enclos par les joues. Antennes blanchâtres, les quatre derniers articles noirs avec la base blanchâtre. Un petit point calleux blanc de chaque côté de la base de l'écusson. (*S. G. Dryocoris. Mls. Stål*).

5. (6). Dessus du corps brun ou brun violacé à points noirs. Côtés du pronotum droits.

3. P. Sphacelatus. *Fab.* (*Annulatus. M. R. opusc*). — Brun ou brun violacé en-dessus, densement et fortement ponctué de noir; les intervalles des points formant sur le pronotum et l'écusson des rugosités transversales. Côtés du pronotum étroitement blanchâtres et finement réfléchis en avant de l'angle latéral, devenant plus obtus un peu après l'angle antérieur. Exocorie étroitement bordée de blanchâtre à la base. Écusson largement flave et imponctué au sommet. Membrane brune avec une tache noire à la base. Connexivum alternativement noir et flave. Dos de l'abdomen noir. Dessous du corps et pattes flaves, densement ponctués de noir, ces points plus ou moins disposés en six larges bandes sur le ventre. — L. 10.

Une grande partie de la France ; peu commun ; paraît plus rare dans le Midi.

6. (5) Dessus du corps blanchâtre à points noirs, côtés du pronotum un peu sinués.

4. P. Albipes. *Fab. Stål.* (*Congener. Fieb.*). — Très voisin du précédent, il en diffère par sa taille plus petite, sa teinte beaucoup plus pâle ; ses points noirs moins serrés, les intervalles de ces points non réunis en rides transversales ; sa membrane plus blanche à tache noire basale plus nette ; par les côtés du pronotum un peu sinués et le bourrelet blanc de ses côtés moins réfléchi en-dessus, et, vu de côté, plus large et comme écrasé. — L. 8.

Provence et Corse.

CARPOCORIS. *Kolen.*

(MORMIDEA. *Am. S. Fieb.*)

1. (10) Corps glabre en-dessus.

2. (9) Côtés du pronotum tranchents et réfléchis depuis l'angle antérieur jusqu'à l'angle latéral.

3. (8). Taille de 11-14 m. Les quatre derniers articles des antennes ordinairement noirs, le premier avec un trait noir au côté externe.

4. (5). Angle latéral du pronotum aigu, pointu et relevé, débordant le côté externe de la corie d'une largeur égale à la base de la corie. Une bande noire bordant l'angle latéral jusqu'à l'angle postérieur.

1. C. BACCARUM. *Lin. Dall. Mls.* (*Fuscispina. Boh.*) — Très variable de couleur, d'un flave livide ou rougeâtre en-dessus, plus ou moins foncé; à ponctuation fine, serrée, concolore ou noirâtre ; ces points noirs forment ordinairement deux ou quatre bandes longitudinales plus ou moins apparentes sur la tête et la partie antérieure du pronotum. Membrane plus longue que l'abdomen, enfumée et avec une bande brune longitudinale ; une tache noire à la base. Connexivum alternativement noirâtre et pâle. Dessous du corps et pattes d'un flave pâle ou rougeâtre à points ordinairement concolores, souvent cependant noirs sur les cuisses. — L. 12-14.

Var. Base de l'écusson avec quatre ou six taches noires.

Var. Connexivum entièrement flave, non annelé. Tête et devant du pronotum sans bandes noires. Quelquefois le deuxième et la base du troisième articles des antennes rougeâtres. — France méridionale.

Très commun dans toute la France.

5. (4) Angle latéral du pronotum droit, non relevé, avec le sommet arrondi, ne débordant le côté externe de la corie que de la largeur de l'exocorie à la base. Cet angle bordé de noir en avant seulement et étroitement.

6. (7). Écusson avec une tuméfaction basale triangulaire. Abdomen moins large que le pronotum aux angles latéraux.

2. C. Nigricornis. *Fab.* — Extrémement voisin de l'espèce précédente dont il n'est regardé que comme une variété par plusieurs auteurs. Elle n'en diffère que par les caractères ci-dessus indiqués et elle présente les mêmes variétés. — L. 11-13.

Var. Base de l'écusson avec quatre taches noires (rare en France).

Var. Dessus du corps d'un flave rougeâtre uniforme, sans aucune bande ni tache noire, même en dedans de l'angle latéral. Ventre d'un flave verdâtre. Les trois premiers articles des antennes rougeâtres. — Un exemplaire de la Grande-Chartreuse.

Var. Tarsata. Mls. R. — Grisâtre à ponctuation noire très serrée qui le fait paraître brun. Tête presque entièrement noire. Côtés du pronotum noirs depuis l'angle antérieur jusqu'à l'angle postérieur. Membrane presque entièrement brune. Ventre et côtés de la poitrine densement ponctués de noir; tarses entièrement noirs. Angles latéraux du pronotum un peu plus aigus, mais pas plus saillants. L'exemplaire typique, du Midi de la France, que M. Rey a eu l'obligeance de me communiquer, ne me paraît qu'une variété dans laquelle la matière colorante noire a pris plus de développement.

Espèce commune dans toute la France, surtout sur les Ombellifères.

7. (6). Écusson avec une dépression basale triangulaire séparée du reste de sa surface par un bourrelet élevé. Abdomen plus large que le pronotum aux angles latéraux.

3. C. Melanocerus. *Mls. R.* — Brunâtre uniforme et comme un peu cuivré, à ponctuation noire très dense ne formant ni bandes ni taches. Très voisin du précédent comme forme, cependant plus aplati, plus large et les angles latéraux du pronotum encore plus arrondis. Ventre et pattes d'un flavescent livide ; tibias rougeâtres, cuisses finement ponctuées de noir. L. 12-13.

Espèce subalpine : Grande-Chartreuse, Uriage, Chamonix, Hautes-Vosges. — Aussi en Tyrol, Piémont, Caucase.

8. (3). Taille de 8 à 8 $^1/_2$ m. Les trois ou quatre premiers articles des antennes jaunâtres.

4. C. Lynx. *Fab.*— Corps court et large, d'un flave très pâle un peu verdâtre, finement ponctué de points concolores ou noirâtres par places ; cories un peu rosées. Tête et devant du pronotum avec quatre bandes plus ou moins vagues et effacées de points noirs. Angle latéral du pronotum arrondi, non saillant, très finement bordé de noir. Extrême base de l'écusson avec deux ou quatre petites taches noires. Connexivum avec une tache noire sur chaque intersection. Pattes plus ou moins ponctuées de noir. L. 8-8 $^1/_2$.

Var. Pusio. Kol. — D'un flave verdâtre, très pâle, uniforme, sans bandes ni points noirs en-dessus et en-dessous. Connexivum à peine maculé. — Cette variété, fréquente en Russie méridionale et en Italie, n'a peut-être pas encore été trouvée en France.

Assez commun dans tout le Midi de la France ; se retrouve plus au Nord à Dijon, Troyes, Metz, etc.

Obs. Cette espèce a quelquefois l'épistome enclos par les joues, surtout dans la variété *Pusio ;* nous avons déjà eu occasion de signaler cette anomalie dans le *Sehirus biguttatus* et quelques autres espèces.

9. (2). Côtés du pronotum obtus et calleux immédiatement après l'angle antérieur et ne devenant tranchants et réfléchis que devant l'angle latéral (*S. G. Codophila. Stål*).

5. C. Lunula. *Fab.* — Forme du *C. Nigricornis* et comme lui très variable de couleur ; flave, rougeâtre ou brunâtre. Tête avec quatre lignes noires, deux latérales et deux médianes ; les trois premiers articles des antennes ordinairement roux. Pronotum avec quatre bandes noires, les deux médianes très courtes, visibles en avant seulement, les latérales entières un peu en dedans du bord externe. Écusson avec l'extrémité blanchâtre et deux lunules un peu élevées, de même couleur à la base ; ces deux lunules, qui entourent deux taches noires, sont plus ou moins effacées chez les variétés brunes. Dessous du corps flavescent, à points concolores, fins, serrés, ruguleux. L. 11-13.

Var. Varia. Fab. — Les quatre derniers articles des antennes noirs.

Espèce méridionale : Provence, Marseille, Cette, Avignon, Toulouse, Pyrénées-orientales.

10. (1). Corps poilu en-dessus (Côtés du pronotum tranchants et réfléchis depuis l'angle antérieur jusqu'en arrière de l'angle latéral).

6. C. Verbasci. *De G.* (*Baccarum. Fab. et Auct.*).— D'un gris flavescent ou brunâtre, violacé, surtout sur les cories (cette teinte violacée très vive chez l'insecte vivant) ; densement ponctué de noir. Corps plus étroit que chez le C. *Nigricornis*. Angle latéral du pronotum arrondi, non saillant. Extrémité de l'écusson blanchâtre. Connexivum blanchâtre, une grande tache noire sur chaque intersection. Dessous du corps et pattes flavescents ; ventre avec quatre bandes vagues de points noirs. Pattes poilues, ponctuées de noir. Antennes et tarses blanchâtres annelés de noir. L. 10-12.

Très commun dans toute la France.

PALOMENA. *Mls. R.*

1. (2). Deuxième et troisième articles des antennes subégaux. Bord latéral antérieur du pronotum légèrement arqué en dedans. Côtés du pronotum très étroitement orangés et lisses au niveau de l'angle latéral.

1. P. Prasina. *Lin.* (*Dissimilis. Fab. Fieb. Ferrari*).— Corps médiocrement onvexe, d'un vert olive en-dessus, à petits points noirâtres assez serrés. Bord extrème des côtés latéraux du pronotum très finement d'un flave orangé ou rougeâtre, surtout au niveau des angles latéraux, ainsi que le bord extrème de l'exocorie à la base. Dessous du corps d'un flave rougeâtre ou verdâtre, mais avec le segment génital rougeâtre. Antennes longues et grêles, flaves, les deux derniers articles plus foncés. Tibias rougeâtres. Bord postérieur et inférieur du segment génital du mâle ayant au milieu une petite échancrure ; les côtés de cette échancrure très peu saillants en une dent très courte et, après cette petite dent, régulièrement arqués de chaque côté jusqu'à l'angle externe qui est arrondi. L. 12-14.

Var. Subrubescens. Gorski. — Dessus du corps d'un brun ferrugineux ou violacé, dessous d'un jaune rougeâtre.

Très commun dans toute la France, excepté dans le département du Nord, où il est très rare. Les exemplaires méridionaux très notablement plus grands sont souvent d'un vert plus sombre, submétallique.

Cette espèce étant la seule qui se trouve en Suède, il est nécessaire, comme M. Reuter l'a remarqué, de lui restituer le nom linnéen de *Prasina.*

2. (1). Troisième article des antennes de un tiers ou un quart plus court que le deuxième. Bord latéral antérieur du pronotum légèrement arqué en dehors.

2. P. Viridissima. *Poda. Ferrari* (*Prasina Fieb.*).— Cette espèce est tellement voisine de la précédente que peu d'auteurs (Fieber, Ferrari) l'en ont séparée et il faut bien reconnaître que ses caractères distinctifs sont difficiles à bien saisir.— Outre les deux caractères déjà indiqués, qui sont les plus constants, la *viridissima* est plus convexe en-dessus, le calus situé en dedans des angles latéraux est un peu plus saillants ; les antennes sont manifestement plus courtes et moins grêles, surtout les deux derniers articles ; la couleur est en-dessus d'un vert pâle plus tendre, les côtés du pronotum et de l'exocorie ne sont pas orangés ou rougeâtres, pas plus que le segment génital ; le dessous du corps est d'un blanc verdâtre ou à peine jaunâtre. Le segment génital du mâle a une échancrure plus profonde au milieu, limitée de chaque côté par une dent bien plus saillante et, en-dehors de cette dent, le bord est fortement sinué jusqu'à l'angle latéral qui est tronqué.— L. 12.

Var. Simulans. Put. Cette variété, dont je possède deux exemplaires des Vosges, est de la même couleur que la variété *Subrubescens* de la *Prasina.*

Paraît plus rare que l'espèce précédente et je ne puis en donner la distribution géographique exacte, parce qu'elle est presque toujours confondue dans les collections. Elle est commune dans les Vosges et le département du Nord ; j'en ai vu aussi des exemplaires de Beaune, de Troyes et des Hautes-Pyrénées.

PENTATOMA. *Oliv.*

1. (2). Convexe ; vert franc. Bec n'atteignant que le milieu du deuxième segment ventral. Troisième article des antennes très sensiblement plus court que le deuxième qui est vert.

1. P. Juniperina. *Lin.* — D'un vert gai ; côtés du pronotum étroite-

ment d'un jaune orangé pâle, lisses et assez brusquement réfléchis ; bord de l'exocorie, à la base, lisse, subcalleux et jaune. Extrémité de l'écusson d'un jaune pâle. Membrane brune. Connexivum jaune en-dessus avec une bande interne noire comme le dos de l'abdomen ; bord externe du connexivum jaune et un peu épaissi, subcalleux. Dessous du corps et pattes d'un vert très pâle. Antennes noires, les deux premiers articles et la base du troisième verts. — L. 11.

Toute la France, assez commun sur les *Juniperus.*

2. (1). Subdéprimé ; d'un vert brun livide. Bec atteignant l'extrémité du troisième segment ventral. Troisième article des antennes imperceptiblement plus court que le deuxième, qui est noir.

2. P. PINICOLA. *Mls. R.* (*Macrorhampha. Fieb. longirostris. Flor. planiuscula. Reut.*). Très voisin du précédent et souvent confondu avec lui, il en diffère, outre les caractères ci-dessus, par sa forme moins brusquement atténuée en avant et en arrière, beaucoup moins convexe, son écusson plan et même superficiellement sillonné, sa couleur d'un vert brun pâle, les côtés de l'exocorie et du pronotum d'un blanc verdâtre très pâle, ceux-ci beaucoup plus étalés, non réfléchis, la tranche du connexivum plus pâle, moins jaune et plus amincie, le dessous du corps et les pattes brunâtres, les antennes presque entièrement noires. — L. 11-12.

Une grande partie de la France sur le pin sylvestre (Flor l'indique aussi sur le genévrier), Lyonnais, Alpes, Vosges, Rouen, etc.

BRACHYNEMA. *Muls. R.*

1. (2). Tête fortement excavée. Dos de l'abdomen noir. Membrane rose. Ordinairement le bord latéral du pronotum, la base de l'exocorie et le connexivum d'un rouge pourpre.

1. B. CINCTUM. *Fab.* (*Purpureomarginatum. Rb. roseipenne. M. R.*) — D'un vert pâle, glauque, comme les feuilles de l'*Atriplex* ; couvert de points fins, serrés, ruguleux, concolores. Bord externe des joues à la base, bord externe du pronotum en entier, base de l'exocorie et connexivum d'un beau rouge pourpre ; ce dernier avec un petit point noir sur chaque intersection. Extrémité de

l'écusson imponctuée et d'un blanc flavescent. Base du ventre un peu jaunâtre ; tarses roses. — L. 10.

Var. Côtés du pronotum, base de l'exocorie et connexivum d'un flave blanchâtre.

Cette élégante espèce ne paraît se trouver en France que sur les bords de la Méditerranée : Palavas, près Montpellier, Cette, Provence, Corse. Elle vit sur les Atriplex et les Salsolacées.

2. (1). Tête plane, non excavée en-dessus. Dos de l'abdomen vert. Membrane blanche, transparente. Côtés du pronotum, base de l'exocorie et connexivum d'un flave blanchâtre.

2. B. Virens. *Klg.* (*Germari. Kol.*)—Ressemble beaucoup à la variété de l'espèce précédente ; elle en diffère, outre les caractères ci-dessus par sa taille bien plus grande et plus étroite proportionnellement et par sa ponctuation moins serrée. — L. 11-12.

Indiquée de l'extrême Provence, par Mulsant. Je n'en ai vu qu'un exemplaire français dans la collection Signoret ; il porte l'indication Toulouse (J. Duval) ; mais peut-être vient-il plutôt des bords de la mer dans les Pyrénées orientales où J. Duval chassait souvent.

NEZARA. *Am. S.*

1. (2). Ventre non caréné ; bord latéral postérieur du pronotum droit. Pas de point noir au bord antérieur de l'œil. (*S. G. Acrosternum. Fieb.*)

1. N. Heegeri. *Fieb.* (*Incerta. Sign. Submarginata. Stål*). — Très variable de taille et de couleur ; ordinairement d'un vert tendre avec les côtés du pronotum et de la base de l'exocorie étroitement d'un blanc verdâtre ainsi que le connexivum ; quelquefois d'un brun flavescent ou rougeâtre plus ou moins transparent. Dessus du corps à points fins, serrés et concolores. Membrane transparente. Un petit point noir à l'extrémité de chaque segment du connexivum. Dos de l'abdomen vert. Dessous du corps et pattes d'un vert très pâle ; base du ventre flavescente. Antennes vertes, les deux ou trois derniers articles rouges, les deuxième et troisième subégaux. Rostre de longueur variable, atteignant l'extrémité du deuxième segment ou seulement les hanches postérieures. — L. 8-12 $^1/_2$.

Provence, Vaucluse, Hérault, Corse.

Je possède un grand exemplaire de Batna, vert avec la tête et la partie antérieure du pronotum jaunâtre, comme dans la *var. torquata* de la *viridula.*

Obs. 1° La *N. Millieri. Mls. R.* me paraît établie sur les petits exemplaires de la *Heegeri.*

2° Ici devrait se placer la *N. Geniculata Dall.*, indiquée de France par son auteur, mais que personne ne connaît dans notre pays. Elle se distinguerait de la *Heegeri* par les genoux noirs. Il est presque certain que c'est une espèce de Cayenne ou du Brésil.

2. (1) Ventre caréné dans toute sa longueur. Bord latéral postérieur du pronotum fortement sinué. Un gros point noir au bord antérieur de l'œil. (*S. G. Nezara. Fieb. Stâl*).

2. N. VIRIDULA. *Lin* (*Smaragdula. Fab. Prasina. Mls. R.*) — D'un vert tendre, couvert de points très petits, très serrés et concolores; bord extrême des joues, des côtés du pronotum, de la base de l'exocorie et du connexivum flavescents ; celui-ci avec un très petit point noir à l'extrémité de chaque segment. Base de l'écusson avec trois ou cinq petits points calleux, blancs. Membrane blanche. Dos de l'abdomen vert. Hanches et base des cuisses ordinairement d'un flave très pâle. Deuxième et troisième articles des antennes subégaux. — L. 12-16.

Var. Dessus du corps d'un brun rougeâtre.

Var. Torquata. Fab. — Devant de la tête et du pronotum d'un flave blanchâtre.

Assez commun dans tout le Midi de la France et la Corse.

PIEZODORUS. *Fieb.*

1. P. INCARNATUS *Germ.* (*Lituratus. Fab. Stâl. purpuripennis Hah.*) — D'un vert très pâle, couvert de points noirs assez espacés ; partie postérieure du pronotum, mesocorie et clavus d'un rose pourpré plus ou moins foncé. Côtés du pronotum avec un fin rebord saillant, subcalleux, d'un jaunâtre orangé ainsi que le bord externe de l'exocorie à la base et le connexivum. Membrane transparente;

dos de l'abdomen noir. Dessous du corps et pattes d'un flave très pâle, non ponctués de noir. Antennes rouges ; deuxième et troisième articles égaux. — L. 11-12.

Var. Alliaceus. Germ. — Pronotum et élytres sans teinte pourprée.

Commun dans toute la France sur différents arbres.

RAPHIGASTER. *Lap.*

1. R. Grisea. *Fab.* (*Punctipennis. Illig*). — Dessus du corps d'un flavescent grisâtre ou brunâtre, fortement ponctué de points noirs, inégalement répartis et confluents par places. Côtés du pronotum concolores, tranchants, un peu réfléchis. Une tache noire de chaque côté de l'écusson un peu avant l'extrémité. Membrane hyaline, parsemée de nombreuses petites taches brunes. Dos de l'abdomen noir ; connexivum flave, sa face supérieure avec une bande noire, transverse, dentée, sur chaque intersection. Dessous du corps d'un flave très pâle, parsemé sur la poitrine de points noirs et sur le ventre de gros points-fossettes noirs, superficiellement enfoncés. Pattes plus ou moins ponctuées de noir, cuisses avec deux gros points noirs. Antennes annelées de noir et de blanchâtre. — L. 14-16.

Commun dans toute la France.

TROPICORIS. *Hah.*

1. T. Rufipes. *Lin.* — D'un brun plus ou moins bronzé en-dessus, à points noirs assez serrés. Extrémité de l'écusson orangée. Membrane brune. Dos de l'abdomen noir. Dessus du connexivum alterné de noir et de jaune. Dessous du corps et pattes fauves. Antennes très longues et grêles ; les deux derniers articles ordinairement bruns. Pronotum transversalement rugueux en arrière ; angles latéraux dilatés en aile dont la partie postérieure est aiguë. Écusson rugueux en travers à la base. — L. 13-15.

Assez commun dans toute la France.

HOLCOGASTER. *Fieb.*

(Aulacetrus. *Mls.R.*)

1. H. Fibulata. *Germ.* — En ovale très élargi ; d'un gris pâle ou rougeâtre, ou brunâtre en-dessus ; la couleur foncière plus ou

moins voilée par des points noirs plus ou moins confluents par places, formant souvent quatre bandes vagues sur le pronotum et des taches sur les élytres. Antennes noires, quelquefois pâles à la base ; troisième article plus long que le deuxième. Côtés du pronotum étroitement réfléchis. Écusson rugueux à la base. Mésocorie ayant au côté externe une côte élevée, lisse, rougeâtre irrégulièrement dilatée et émettant intérieurement deux rameaux obliques moins saillants. Membrane avec une tache noire à la base. Connexivum alterné de noir et de gris. Ventre d'un gris roux, plus ou moins ponctué de noir; pattes flavescentes ; cuisses avec une grande tache noire avant les genoux ; tibias souvent noirs sur les arêtes. — L. 5-7.

Assez commun sur les diverses espèces de pins et de genévriers dans le Midi de la France.

Div. 4. STRACHIARIA.

Un seul genre en France (1).

STRACHIA. *Hahn.* (2)
(Eurydema. *Lap.*)

1. (14). Pronotum, élytres et écusson avec un dessin rouge, jaune ou blanc.

2. (13). Mésocorie avec deux grandes taches rouges, jaunes ou blanches (3).

3. (12). Exocorie bicolore.

4. (9) Exocorie rouge ou flave avec une tache d'un noir bleuâtre vers le milieu.

5. (6) Dos de l'abdomen rouge, es erniers segments noirs. Joues rebor-

(1) Mulsant indique le *Stenozygum variegatum. Klg.* de Montpellier; c'est une erreur, l'exemplaire communiqué par M. Signoret est de Chypre

(2) Toutes les espèces de ce genre vivent sur les crucifères.

(3) La *var. insidiosa* de l'*Oleracea* présente aussi ce caractère et pourrait rentrer dans ce groupe, mais elle a les tibias avec un anneau blanc ; elle est d'ailleurs très rare.

dées et réfléchies en avant comme sur les côtés. Écusson bien visiblement caréné sur sa moitié apicale. Troisième article des antennes d'un quart seulement plus court que le deuxième.

1. S. Ornata. *Lin.* — Tête noire, échancrée en avant ; joues souvent finement bordées de rouge et quelquefois avec une petite tache rouge à la base. Pronotum rouge, presque entièrement couvert par six grandes taches carrées d'un noir bleuâtre, ordinairement confluentes en pertie, deux en avant et quatre en arrière. Écusson d'un noir bleuâtre, une tache arquée de chaque côté de de la base, l'extrémité de la ligne médiane rouge sur la moitié apicale ; ces taches souvent confluentes. Mésocorie rouge, une large bordure interne liée à une large bande transverse d'un noir bleuâtre, ainsi qu'une tache ronde avant l'extrémité et le clavus. Membrane d'un noir bleuâtre, finement bordée de blanc. Connexivum avec une bande noire à la base de chaque segment en-dessus et en-dessous. Poitrine, pattes et antennes noires ; une grande tache noire sur le milieu du ventre, une tache noire ronde sur chaque stigmate. Femelle : les deux premières plaques génitales, ou basales, régulièrement arquées chacune à leur bord postérieur, de sorte qu'à leur point de jonction il y a une échancrure. — L. 9.-10.

Var. Pectoralis. Fieb. — Dessous du corps d'un jaune orangé ; côtés de la poitrine avec trois taches noires en renfermant une jaune. Une tache noire sur le milieu de chaque segment ventral. — Avec le type.

Var. Dissimilis. Fieb. — Dessous du corps et pattes en grande partie d'une blanchâtre flavescent ; taches du dessus du corps en partie blanchâtres ou jaunâtres. — Variété méridionale qui ressemble beaucoup à la *picta* pour les couleurs.— Marseille, Corse.

Très commune dans toute la France et nuisible aux Crucifères cultivées (choux, navets, etc.).

6. (5). Dos de l'abdomen noir. Joues calleuses en avant, réfléchies seulement sur les côtés. Écusson non ou indistinctement caréné sur sa moitié apicale. Troisième article des antennes de un tiers ou moitié plus court que le deuxième.

7. (8). Poitrine blanchâtre ou rouge à taches noires. Cuisses et tibias variés de noir et de blanchâtre ou de rouge.

2. S. Picta. H-S. — Un peu plus petite et plus convexe que la précédente. Même disposition dans le dessin du dessus du corps; mais dans le type le dessin est blanc avec le bord postérieur du pronotum et la mésocorie seuls rouges. Joues plus largement bordées de blanchâtre et avec une large tache ou bande blanchâtre à la base. Écusson blanchâtre avec une large tache noire à la base et une petite arrondie de chaque côté un peu avant l'extrémité. Connexivum largement taché de noir en-dessus, faiblement en-dessous. Dessous du corps, même de la tête et des joues, d'un blanc flavescent ; trois taches orangées et cerclées de noir sur les côtés de la poitrine ; une tache noire arrondie sur chaque stigmate et précédée d'une tache orangée ; une petite tache noire sur le milieu de la base de chaque segment ventral. Antennes noires. Pattes blanchâtres, l'extrémité des cuisses, la base et l'extrémité des tibias et les tarses noirs. Femelle : les deux premières plaques génitales, ou basales, bisinuées à leur bord postérieur et ne formant pas d'échancrure à leur point de jonction. L. 7-8 $^{1}/_{2}$.

Var. Cruentata. Put. Toutes les parties blanches dans le type sont ici d'un beau rouge vif même en-dessous.— Corse.— Je n'en ai pas vu de la France continentale ; se trouve aussi en Sicile et en Algérie.— Cette variété, qui pourrait être attribuée à l'espèce suivante, me paraît en différer par sa forme plus convexe et la ponctuation des flancs du ventre moins serrée et non ruguleuse. — On trouve dans la Russie méridionale des variétés où les taches sont au contraire entièrement blanches, sans mélange de rouge.

France méridionale et moyenne ; s'étend au Nord jusqu'à l'Aube et la Seine-Inférieure.

8. (7). Poitrine noire, cotyles blanches. Pattes entièrement ou presque entièrement noires. Ventre avec une grande tache médiane noire depuis la base jusqu'au quatrième ou cinquième segments.

3. S. Decorata. H-S. (*Pustulata Fieb.*). — Ovalaire, peu convexe, avec un dessin rouge et noir en-dessus, disposé à peu près comme dans l'*Ornata*, mais la couleur rouge plus étendue. Exocorie flavescente après la tache noire. Joues finement bordées de rouge.

Flancs du ventre avec une tache noire sur chaque stigmate. Connexivum avec ou sans tache noire sur chaque segment. Plaques génitales de la femelle comme dans la *Picta*. — L. 7 1/2-8 1/2.

Varie assez peu ; cependant on peut citer les variations suivantes qui sont rares :

a. Pas de taches noires sur la partie postérieure du pronotum. Corie presque entièrement rouge, sans bande transverse et sans tache ronde noires à l'extrémité. Tache de l'exocorie nulle ou très petite. — Nancy.

b. Corie presque entièrement noire ; tache noire de l'exocorie prolongée presque jusqu'à l'extrémité et unie aux deux taches postérieures de la mésocorie.— Un exemplaire de Corse.

Assez commune dans la France méridionale et moyenne; s'élève au Nord jusqu'à Nancy et l'Yonne.— Cette espèce, dont je n'ai vu en France que des variétés rouges, diffère de la *Picta*, outre les couleurs, par sa surface moins convexe et les flancs du ventre plus densement et rugueusement ponctués.

9. (4). Exocorie d'un noir bleuâtre ou verdâtre avec la base seule rouge.

10. (11). Côtés du pronotum fortement arqués en dehors ; son disque profondément sillonné en travers. Corps déprimé, en ovale large.

4. S. Dominula *Harris*. *Var. Rotundicollis. Dohrn.* — D'un bleu ou d'un vert très foncé ; rebord des joues finement rouge et réfléchi ; tubercule antennifère rouge. Tous les bords du pronotum étroitement rouges ainsi qu'une fine ligne médiane. Écusson avec l'extrémité et une tache latérale vers le milieu de chaque côté , rouges. Tiers basal de l'exocorie et sa côte externe rouges. Mésocorie avec deux petites taches rouges. Dos de l'abdomen rouge. Poitrine d'un vert foncé ; bord postérieur des trois segments pleuraux rouge , milieu du ventre largement d'un vert foncé, une grande tache de même couleur sur chaque stigmate. Antennes et pattes d'un noir verdâtre foncé ; quelquefois la base des cuisses un peu rougeâtre. — L. 7 1/2-8 1/2.

Hautes-Pyrénées : Col d'Aouba, au pied des neiges en juillet (Pandellé).— Se rencontrera probablement dans les Alpes-Françaises, puisqu'elle se trouve dans les Alpes-Suisses.— Le type de l'espèce, qui ne se trouve pas en France, a le dessin rouge plus développé sur un fond plus noir, moins verdâtre.

11. (10). Côtés du pronotum droits ou même un peu arqués en-dedans ; son disque non sillonné en travers. Corps convexe, oblong.

5. S. Cognata. *Fieb.*— D'un bleu violet foncé ; joues concolores, quelquefois imperceptiblement bordées de rouge. Bords antérieur et latéraux du pronotum étroitement rouges, le postérieur plus largement ; une large bande médiane rouge entière et une autre raccourcie en avant entre la médiane et les côtés. Écusson avec l'extrémité et une bande latérale rouge depuis la base jusqu'aux deux tiers de la longueur ; cette bande souvent coupée en deux ou raccourcie à la base. Tiers basal de l'exocorie et sa côte externe rouges, mesocorie avec deux taches rouges, l'une sur l'élévation transverse antéapicale, l'autre au milieu du côté externe. Dos de l'abdomen noir violacé. Poitrine bleue ; cotyles et une tache arrondie sur chaque segment pleural, rouges. Ventre rouge ; une grande tache violacée sur chaque stigmate et une grande tache, dentée latéralement, sur le milieu du ventre. Antennes et pattes d'un noir bleu. — 7-9.

Espèce maritime ; se trouve dans les dunes de la côte océanique depuis Morlaix jusqu'à Saint-Jean-de-Luz et même en Portugal. Très commune à Arcachon et à l'île d'Oléron sur le *Cakile maritima.*

12. (3). Exocorie entièrement rouge.

6. S. Festiva. *Lin.* (*Fimbriolata. Germ.*).— Très brillante, d'un beau rouge vif varié de noir. Tête noire, joues ordinairement finement bordées de rouge. Pronotum avec six taches noires, deux en avant et quatre en arrière. Écusson rouge, une grande tache noire triangulaire à la base. Mésocorie noire avec une tache rouge triangulaire au milieu du bord externe et l'extrémité rouge avec une petite tache noire. Clavus noir. Membrane et ailes noires. Dos de l'abdomen en grande partie rouge. Poitrine noire ; les cotyles et les bords des segments pleuraux rouges. Ventre rouge, une grande tache noire transverse sur le milieu de chaque segment et une autre sur chaque stigmate. Connexivum entièrement rouge ou avec un point noir sur chaque segment. Antennes et pattes noires.— L. 6 1/2-7 1/2.

Variet. Sommet de la corie sans petite tache noire, ronde.— Rare : Vosges.

Une grande partie de la France, surtout le Nord et l'Est.— Je n'en ai pas vu d'exemplaires méridionaux ; elle est indiquée cependant des Pyrénées par M. Pandellé.

13. (2). Mésocorie ayant une seule tache blanche, rouge ou orangée sur la saillie transverse autéapicale (excepté la *var. Insidiosa*). Tibias avec un anneau pâle.

7. S. Oleracea. *Lin.* — D'un beau bleu vert, très brillant avec les parties suivantes blanches, rouges ou orangées : le rebord des joues, les bords latéraux et souvent antérieur du pronotum, une large bande médiane sur son disque, élargie en arrière, souvent le bord postérieur, le rebord externe de l'exocorie et un peu sa base, une tache transverse auteapicale sur la mésocorie, l'extrémité de l'écusson et souvent une tache sur le milieu de ses côtés, souvent continuée jusqu'à la base. Une tache flave sur chaque segment du connexivum en-dessous et un anneau flave au milieu de chaque tibia.— L. 6-7.

Var. insidiosa. Mls. R. — Présente en outre du type un point rouge sur la mésocorie près de la nervure radiale vers la moitié de sa longueur et l'extrémité de l'exocorie brièvement rouge.— Landes, Grande-Chartreuse ; paraît très rare.

Très commun dans toute la France.

Obs. Je possède une Strachia d'Oran qui répond bien à la description de la *St. Albomarginella. Fab.* donnée par Stål dans ses *Hemiptera fabriciana.* Il est probable que l'indication de localité Kiel .donnée par Fabricius est erronée. Dans mon exemplaire, la ligne blanche médiane du pronotum est réduite à un point allongé un peu après le bord antérieur.

La *Strachia consobrina. Put.* d'Algérie ne serait qu'une variété de cette espèce.

14. (1). Pronotum, élytres et écusson d'un bleu violacé, très foncé, sans taches.

8. S. Cyanea. *Fieb.* — Forme de la précédente ; d'un bleu violacé foncé ; pronotum fortement sillonné en-travers , l'épine de l'angle antérieur blanchâtre et quelquefois aussi une partie du rebord latéral. Dos de l'abdomen en partie orangé ; extrême bord externe du connexivum blanchâtre ; une bande orangée de chaque côté du milieu du ventre sur les deuxième à cinquième segments. — L. 6-7.

Hautes-Pyrénées : Pic du Midi de Bigorre à 2,600 m. Col d'Aouba au pied des neiges. Pyrénées-Orientales.

Trib. III. ACANTHOSOMINI.

TABLEAU DES GENRES.

1. (6). Premier article des antennes dépassant très notablement le sommet de la tête. Yeux globuleux, saillants.

2. (3). Base du pronotum pas plus large que celle de l'écusson. Orifices odorifiques terminés extérieurement par un long sillon transverse.

Acanthosoma.

3. (2). Base du pronotum plus large que celle de l'écusson. Orifices odorifiques courts.

4. (5). Angle latéral du pronotum prolongé extérieurement en une longue pointe aiguë plus longue que la largeur d'une corie.

Sastragala.

5. (4). Angle latéral du pronotum obtus, non prolongé en pointe.

Elasmostethus.

6. (1). Premier article des antennes ne dépassant pas le sommet de la tête. Yeux très peu saillants. Angle latéral du pronotum obtus ; base du pronotum plus large que celle de l'écusson et limitée par des angles postérieurs très aigus et dirigés directement en arrière.

Cyphostethus.

ACANTHOSOMA. *Curt.*

(CLINOCORIS. *Hah.* ELASMOSTETHUS. *Fieb.* *p.*).

1. (2) Angle latéral du pronotum saillant, aigu. Angle latéral postérieur du sixième segment ventral moins prolongé que le segment génital. Lame mésosternale non prolongée en arrière entre les hanches intermédiaires et dépassant un peu en avant le bord antérieur du posternum. Stigmates concolores.

1. A. HÆMORHOÏDALE. *Lin.* — Allongé, brillant, parsemé de points noirs, plus espacés sur l'écusson. D'un roux flave plus ou moins foncé ; ordinairement d'un vert pâle sur la partie postérieure du pronotum, l'écusson et le côté externe des cories. Extrémité de l'écusson lisse et flave. Membrane brune. Extrémité du dos de l'abdomen rougeâtre. Antennes noires, premier article flave dépassant de plus de la moitié de sa longueur le sommet de la tête. Dessous du corps et pattes entièrement d'un fauve pâle ; ventre imponctué, imperceptiblement striolé en travers. — L. 15-17.

Toute la France, mais assez rare.

2. (1). Angle latéral du pronotum peu saillant, obtus. Angle latéral postérieur du sixième segment ventral prolongé en arrière en une pointe qui dépasse le segment génital. Lame mésosternal prolongée en arrière un peu au-delà des hanches intermédiaires, mais n'atteignant pas tout à fait en avant le bord antérieur du prosternum. Stigmates noirs.

2. A. DENTATUM. *de G.* (*Collare. Fab. Hæmatogaster. Schr.*)—Allongé, brillant, ponctué de noir ; d'un vert pâle un peu flavescent ; bord interne et postérieur des cories, bord postérieur du pronotum, base de l'écusson et extrémité de l'abdomen rougeâtres. Angle latéral du pronotum bordé de noir en arrière. Membrane un peu enfumée, le bord externe brun. Antennes flaves à la base. Dessous du corps entièrement d'un fauve pâle, ventre imponctué, imperceptiblement striolé en travers. — L. 9-11.

Toute la France sur différents arbres, surtout sur les bouleaux.

SASTRAGALA. *Am. S.*

(ELASMUCHA. *Stål*).

1. S. FERRUGATA. *Fab.* (*Bispina. Pz.*) —Corps d'un roux flave, bril-

lant ; ponctué de noir en-dessus. Tête et angles latéraux du pronotum noirs; ceux-ci longuement prolongés extérieurement en une corne très aiguë. Ecusson avec l'extrémité flave et une grande tache noire au milieu.Membrane hyaline avec de grandes taches brunes allongées. Dos de l'abdomen et connexivum roux; celui-ci avec un point noir au côté externe de chaque intersection. Antennes fauves, le premier article brun. Dessous du corps et pattes fauves ; côtés du ventre et de la poitrine fortement ponctués de noir.— L. 8-9.

Provinces du Nord et de l'Est, surtout dans les montagnes et les forêts, sur divers arbres.

ELASMOSTETHUS. *Fieb.*

1. E. Interstinctus. *Lin.*(*Griseus. Lin. betulæ. de G. Agathinus. Fab.*) Ovalaire, brillant; dessus du corps avec des points noirs assez forts. Couleur très variable: grisâtre, rougeâtre flave ou légèrement rosé. Antennes flaves avec le dernier article noir. Écusson avec le tiers apical plus pâle et une grande tache noirâtre sur le milieu de son disque. Membrane variée de brun. Connexivum alterné de fauve et de noir. Dessous du corps flave ou fauve ; ventre imponctué ; côtés de la poitrine ponctués de noir en avant. Tarses noirs. Bec dépassant à peine les hanches intermédiaires. Angle antérieur formant une petite dent qui ne déborde pas le bord externe de l'œil. — L. 7.-8.

Toute la France sur différents arbres , surtout sur les bouleaux.

2. E. Fieberi. *Jakowl.* (*Griseus. var. Flor.*). — Très voisin du précédent dont il diffère par les antennes entièrement noires, les côtés du ventre fortement et assez densement ponctués de noir, la couleur générale plus sombre, le bec plus long dépassant un peu les hanches postérieures, l'angle antérieur du pronotum muni d'une dent bien plus longue et plus pointue , débordant le côté externe de l'œil d'une longueur presque égale au diamètre de cet œil ; après cette dent le bord du pronotum est plus visiblement crénelé en scie. — L. 8.

Un seul exemplaire des Vosges. — Espèce de Russie, Finlande et Livonie, probablement confondue souvent avec la précédente. D'après MM. J. Sahlberg et Reuter elle vit sur le *Pinus sylvestris.*

CYPHOSTETHUS. *Fieb.*

1. C. Tristriatus. *Fab.* (*Lituratus. Pz*).—Allongé, brillant, à points concolores excepté sur la partie rose des cories où ils sont noirs; dessus du corps d'un flave verdâtre très pâle; le clavus, la mésocorie et une bordure au bord latéral postérieur rosés. Une côte élevée, large et lisse, au bord externe de la mésocorie; cette côte émet deux rameaux internes obliques moins apparents. Membrane avec deux grandes taches brunes allongées. Connexivum flave, unicolore, quelquefois avec un petit point brun sur les intersections. Dessous du corps flave; les flancs du ventre grossièrement ponctués et séparés de la partie médiane lisse par un relief irrégulier longitudinal. Pattes d'un vert pâle. Antennes entièrement flaves ou avec les deux derniers articles rembrunis. — L. 9-10.

Toute la France, excepté peut-être au Nord de Paris; toujours sur les genévriers.

Trib. IV. — ASOPINI.

TABLEAU DES GENRES.

1. (10). Bord latéral antérieur du pronotum aigu, denticulé. Angle latéral aigu, pointu ou auriculé, plus avancé que le bord externe des cories. (Base du pronotum très notablement plus large que celle de l'écusson).

2. (5). Cuisses antérieures avec une dent. (Base du ventre avec un tubercule saillant, dirigé en avant.)

3. (4). Tibias antérieurs dilatés et lamellaires extérieurement. Epistome enclos par les joues. Deuxième et troisième articles des antennes subégaux.

Platynopus.

4. (3). Tibias antérieurs simples. Epistome libre en avant. Deuxième article des antennes plus long que le troisième. Angle latéral du pronotum prolongé en pointe très aiguë.

Picromerus.

5. (2). Cuisses antérieures mutiques. (Epistome libre).

6. (7). Base du ventre avec une pointe dirigée en avant. Angle latéral du pronotum aplati, subauriculé. (Deuxième article des antennes plus

de deux fois aussi long que le troisième. Orifices odorifiques prolongés extérieurement en un long canal transverse). PODISUS.

7. (6). Base de ventre inerme. Angle latéral du pronotum saillant, aigu.

8. (9). Deuxième article des antennes près de trois fois aussi long que le troisième. Corps déprimé. Orifices odorifiques prolongés extérieurement en un long canal. ARMA.

9. (8). Deuxième article des antennes à peu près égal au troisième. Corps convexe. Orifices odorifiques sans canal transverse distinct. ASOPUS.

10. (1). Bord latéral antérieur du pronotum obtus, lisse, non denticulé. Angle latéral arrondi, pas plus saillant que le bord externe de la corie. (Base du ventre inerme).

11. (12). Cuisses antérieures avec une dent. Base du pronotum plus large que celle de l'écusson. Tibias profondément sillonnés en-dessus. Couleur noire et fauve. JALLA,

12. (11). Cuisses antérieures mutiques. Base du pronotum pas plus large que celle de l'écusson. Tibias non sillonnés en-dessus. Couleur d'un beau bleu métallique. ZICRONA

PLATYNOPUS. *Am. S.*

(PINTHÆUS. *Stål.*)

1. P. SANGUINIPES. *Fab.* (*Genei. Costa*). — Oblong, brun, ponctué de noir avec la tête et la partie antérieure du pronotum et souvent la base de l'écusson d'un noir verdâtre bronzé. Angle latéral du pronotum largement noir. Bords latéraux antérieurs du pronotum subcalleux, lisses, d'un flave orangé, ainsi que un point derrière chaque cicatrice, l'extrémité de l'écusson et un point oblong, élevé, de chaque côté de sa base. Membrane brune. Connexivum entrecoupé de noir et d'orangé. Dessous du corps flave; ventre avec une grande tâche noire, imponctuée, sur le milieu de chaque segment; ses flancs avec deux rangées de grandes taches formées de points noirs, stigmates noirs. Pattes fauves, souvent un trait noir sur le sillon du tibias près du genou et un sur le fémur antérieur en-dessus. Tête carrée en avant des yeux. Antennes noires; le premier arttcle et la base du dernier roux. — L. 12-15.

Probablement toute la France, mais extrêmement rare partout :

depuis 25 ans que je chasse les Hémiptères, je n'en ai trouvé qu'un exemplaire. Vosges, Strasbourg, Beaune, Lyon, Ain, Mer (Loir-et-Cher), Pyrénées, etc. — Les débutants peuvent confondre cette espèce avec le *Tropicoris rufipes*, dont il a un peu l'aspect.

PICROMERUS. *Am. S.*

1. (2). Antennes entièrement rousses. Flancs du ventre à ponctuation brune ou concolore fine et très serrée.

1. P. Bidens. *Lin.*— Dessus du corps couleur de tabac, finement et densement ponctué de noir. Angle latéral du pronotum noir; côtés, entre l'angle antérieur et la base de l'angle latéral, étroitement orangés, ainsi que un point calleux en-dessous de chaque cicatrice, l'extrémité de l'écusson et un point calleux de chaque côté de sa base. Connexivum brun, vaguement entrecoupé de roux. Membrane enfumée avec une bande longitudinale brune. Dessous du corps et pattes fauves; poitrine avec des taches calleuses rouges; ordinairement une bande noire au milieu du ventre; cuisses très finement ponctuées de noir. — L. 10-12.

Toute la France, assez commun.

2. (1). Antennes plus ou moins annelées. Ventre avec de gros points fossettes noirs, enfoncés et clair semés.

3. (4). Antennes rousses, la moitié apicale des trois derniers articles noire. Écusson avec l'extrémité concolore et pas de points calleux à la base.

2. P. Nigridens. *Fab.*— Très voisin du précédent pour la forme et la couleur, cependant un peu plus étroit et d'un brun plus grisâtre. Il en diffère, en outre, par les caractères suivants : pronotum sans points calleux en-dessous des cicatrices; bordure jaunâtre des côtés prolongée jusqu'au sommet des angles latéraux. Dessous du corps et pattes d'un flave livide, très pâle et non roux; une tache noire au milieu de la base de chaque segment ventral; flancs du ventre et de la poitrine à gros points noirs, espacés. Cuisses à gros points noirs.— L. 10-12.

Assez rare : Lyon, Grenoble, Avignon, Agde, Pyrénées, etc.

4. (3). Antennes noires, un anneau blanchâtre au milieu du troisième article, ainsi que la base des quatrième et cinquième. Extrémité de l'écusson et trois points calleux à la base, blanchâtres.

3. P. Conformis. *H-S.* — Cette espèce a un peu l'aspect du *Rhaphigaster grisea* pour la couleur. Forme du précédent, mais angles latéraux du pronotum moins saillants ; couleur générale bien plus pâle, presque blanchâtre avec des points noirs inégalement répartis et plus ou moins confluents en taches irrégulières. Dessous du corps et pattes d'un flave blanchâtre ; ventre comme dans le *Nigridens*, milieu du prosternum noir. Cuisses presque entièrement noires en-dessus vers l'extrémité, base et sommet des tibias et tarses noirs. Dent des fémurs antérieurs très petite, à peine visible. — L. 13.

Espèce non encore indiquée de France, mais comme j'en possède un exemplaire de Sierre dans le Valais, il est très possible qu'on la retrouve dans la portion française de la vallée du Rhône.

PODISUS. *H-S.*

(Asopus. *Fieb.* Troilus. *Stål*).

1. P. Luridus. *Fab.* — D'un brun flavescent ponctué de noir ; la tête, la partie antérieure du pronotum et ses côtés et souvent la base de l'écusson d'un vert bronzé. Un petit point calleux de chaque côté de la base de l'écusson. Connexivum d'un vert bronzé en-dessus avec une bande transverse jaune sur le milieu de chaque segment. Antennes noires, le tiers apical du quatrième article jaune et souvent aussi l'extrémité du deuxième. Dessous du corps d'un flave blanchâtre ponctué de noir ; une tache noire au côté externe de chaque cotyle ; ventre ayant sur le milieu des flancs une rangée de taches d'un noir verdâtre, arrondies, une sur chaque segment à la base ; en outre ordinairement une tache analogue sur le milieu du sixième segment. Pattes à taches ponctiformes noires plus ou moins confluentes. — L. 11-12.

Toute la France.

ARMA. *Hahn.*

1. A. Custos. *Fab.*— Dessus du corps d'un brun fauve uniforme, ponctué de brun. Connexivum avec une bande noirâtre sur chaque intersection. Antennes rousses, l'extrémité des troisième et quatrième articles ordinairement noirâtre. Dessous du corps et pattes d'un flave blanchâtre, une tache ponctiforme noire au côté externe de chaque cotyle, ces taches formant une rangée continuée sur

les flancs du ventre par une tache semblable sur la base de chaque segment. Le reste du ventre à points concolores. Cuisses très finement ponctuées de brun. — L. 11-13.

Toute la France.

ASOPUS. *Burm.*

(RHACOGNATHUS. *Fieb.*).

1. A. PUNCTATUS. *Lin.* — Dessus du corps à couleur foncière fauve, mais presque entièrement, souvent complètement cachée par une forte ponctuation confluente d'un vert bronzé sombre. Bord des côtés du pronotum, ligne médiane de la tête, du pronotum et de l'écusson ordinairement plus ou moins fauves. La tête et la partie antérieure du pronotum entre la ligne médiane et les côtés d'un vert bronzé. Membrane brune. Connexivum fauve avec une bande verdâtre sur le milieu de chaque intersection. Dessous du corps et pattes d'un fauve pâle ponctués de vert; une grande tache verte, lisse, sur le milieu du sixième segment ventral, ou bien dans les exemplaires fortement colorés ventre presque entièrement vert bronzé. Extrémité des cuisses, base et sommet des tibias et tarses largement d'un verdâtre bronzé. Antennes noires, l'extrême base des troisième et quatrième articles rousse. — L. 8-9.

Régions froides ou tempérées et surtout montagneuses : Nord, Rouen, Orléans, Vosges, Dijon, Mont-Pilat, Pyrénées, etc.

JALLA. *Hahn.*

1. J. DUMOSA. *Lin.*— Très variable de couleur : Dans l'état normal la couleur foncière flave ou fauve est plus ou moins voilée par la couleur noire de la ponctuation et n'est apparente que sur une ligne médiane de la tête, du pronotum et de l'écusson, sur la base du pronotum et ses côtés, les calus de chaque côté de la base de l'écusson et une tache à chaque segment du connexivum. Milieu des tibias et souvent une bande femorale flaves. Dans les variétés les plus noires (*Nigriventris. Fieb.*), l'insecte est entièrement noir, excepté une faible ligne sur le vertex et un anneau aux tibias. — L. 13-15.

Presque toute la France, mais rare, excepté dans les Basses-Alpes où elle paraît plus commune. Calais, Rouen, Morlaix, Nancy, Orléans, Dijon, Lyon, Sisteron, Pyrénées, etc.

ZICRONA. *Am. S.*

1. Z. Cœrulea. *Lin.*— D'un beau bleu métallique, quelquefois un peu verdâtre en-dessus et en-dessous ; brillante, à points assez espacés. Pattes concolores. Antennes noires. Membrane noirâtre. — L. 6-8.

Toute la France ; détruit, dit-on, les Altises (*Graptodera ampelophaga*) dans les vignes.

Trib. V.— PHYLLOCEPHALINI.

SCHIZOPS. *Spin.*

(Phyllocephala. *Lef.*).

1. S. Ægyptiaca. *Lef.* — Allongé, subparallèle, d'un brun noir rougeâtre, chagriné, opaque. Une bordure flave sur le bord externe de la corie et une autre de chaque côté de l'écusson, celle-ci submarginale à la moitié basale et marginale à la moitié apicale ; un point flave au milieu de la base. Membrane blanche à nombreuses nervures noires. Dessous du corps et pattes concolores ; stigmates flaves.— L. 18.

Indiquée de Corse, mais cette localité me paraît douteuse.

Famille des CORÉIDES.

Corps allongé ou ovalaire, peu convexe en-dessus. Tête quadrangulaire ou triangulaire, ses côtés non tranchants ; en-dessous pas de sillon pour loger le bec ou ce sillon très court. Des ocelles. Antennes à quatre articles, souvent prismatiques, insérées le plus souvent au-dessous d'une ligne passant du milieu des yeux au sommet du clypeus. Tubercules antennifères forts, occupant la partie supérieure ou latérale supérieure de la tête. Bec à quatre articles, peu différents en longueur, le deuxième ordinairement le plus long. Pronotum souvent épineux sur les côtés. Écusson petit ou médiocre, triangulaire, plus court que la moitié de l'abdomen. Hémiélytres le plus souvent complètes, formées d'une corie, d'un clavus et d'une membrane ; nervures de la corie se terminant avant la membrane par une ou deux cellules rhomboïdales ; membrane avec des nervures nombreuses, (plus de cinq), parallèles ou anastomosées, partant d'une nervure transverse parallèle au bord de la corie ou qui se confond avec ce bord. Pattes assez fortes; cuisses postérieures souvent renflées et dentées ; tarses à trois articles, le premier le plus long, le deuxième le plus court ; deux ongles simples et entre eux deux appendices en crochet. Mesosternum canaliculé. Abdomen à six segments stigmatifères non génitaux.

Insectes vivant sur les végétaux comme les Pentatomides dont ils ont les mœurs.

TABLEAU DES TRIBUS.

1. (2). Segments dorsaux de l'abdomen non lobés ni échancrés. (Clypeus denté en scie. Premier article des antennes prismatique. Pattes courtes, hanches intermédiaires et postérieures contiguës. Extrémité de l'abdomen non dentée chez la femelle. Tête aussi large que le pronotum, non rétrécie derrière les yeux. Corps étroit, aptère. Un seul genre et une seule espèce.)

1. Prionotylini.

2. (1). Plusieurs segments dorsaux de l'abdomen circulairement échancrés ou sinués sur la ligne médiane.

3. (8). Quatrième et cinquième segments dorsaux de l'abdomen ayant à la base une échancrure circulaire remplie par un lobe du segment précédent. Orifices odorifiques bien distincts et auriculés. Sixième segment ventral anguleusement échancré ou fendu chez la femelle. Segments génitaux découverts.

4. (7). Joues non prolongées en pointe au delà du clypeus.

5. (6). Tête non ou peu rétrécie en arrière. Abdomen terminé chez la femelle par des dents ou lobes aigus triangulaires. Dernier article des antennes non courbé, ordinairement plus court que le précédent. Les premiers articles très souvent prismatiques.

2. Coreini.

6. (5). Tête fortement rétrécie en arrière, courte et large, plus large ou aussi large que le pronotum en arrière. Extrémité de l'abdomen non dentée chez la femelle. Dernier article des antennes plus long que le précédent, un peu courbe et glabre. Hanches intermédiaires et postérieures écartées.

3. Alydini

7. (4). Joues prolongées en pointe aiguë au delà du clypeus, ce qui rend la tête bifide en avant. Tête beaucoup plus étroite que le pronotum en arrière. Extrémité de l'abdomen non dentée chez la femelle. Dernier article des antennes plus long que le précédent et un peu courbe.

4. Stenocephalini.

8. (3) Quatrième segment dorsal de l'abdomen sinué au milieu à la base et au sommet. Orifices odorifiques indistincts ou non auriculés. Chez la femelle le sixième segment ventral est tronqué ou prolongé, non fendu ni échancré et cache entièrement ou presque entièrement les segments génitaux. (Cories avec des espaces vitrés, transparents entre les nervures (excepté Therapha). Extrémité de l'abdomen non dentée même chez la femelle; tibias cylindriques, non sillonnés en-dessus).

5. Corizini

Trib. I. — PRIONOTYLINI.

Un seul genre :

PRIONOTYLUS. *Fieb.*

(Myrmidius. *Costa.* Sudalus, *Mls*).

1. P. Brevicornis. *Mls. R.* (*Helferi. Fieb. Flavidus. Costa.* — Allongé, étroit, subparallèle, flave grisâtre, glabre, fortement ponctué. Premier article des antennes très épais, presque aussi

long que la tête, le troisième d'un tiers plus long que le deuxième, le quatrième petit, ovoide, noirâtre. Tête légèrement sillonnée. Yeux peu saillants. Pronotum un peu plus long que large, à côtés droits. Élytres extrêmement courtes, sans membrane, ne dépassant pas l'écusson. Dos de l'abdomen avec deux bandes médianes brunâtres plus ou moins visibles ; ventre ponctué, une bande brune de chaque côté. Pattes courtes et peu épaisses, mutiques. — Long. 9-10.

Très rare sur les côteaux secs de la France méridionale : Hyères, Cassis, Montpellier, Cette, Vaucluse.

Trib. II. — COREINI.

TABLEAU DES DIVISIONS.

1. (2). Sixième segment abdominal non prolongé en arrière chez le mâle en lobe aigu. Fémur postérieur sans tubercule à la base de sa face latérale interne. Tête avec une ligne longitudinale enfoncée. Tibias le plus souvent sillonnés. Nervures de la membrane naissant de la base même ou d'une nervure transverse basale, qui au côté externe se rapproche graduellement et se confond avec la suture même de la membrane. Cuisses mutiques ou rarement (Syromastes) avec de très petites dents.

1. Gonoceraria.

2 (1). Sixième segment abdominal prolongé latéralement en arrière dans les deux sexes en un lobe triangulaire aigu. Fémur postérieur ayant à la base un tubercule sur sa face latérale interne. Tête sans ligne longitudinale enfoncée. Tibias cylindriques, non sillonnés. Nervures de la membrane naissant d'une nervure transverse parallèle à la base et assez éloignée de celle-ci. Cuisses postérieures avec une ou plusieurs grandes dents.

2. Corearia.

Div. 1. GONOCERARIA.

TABLEAU DES GENRES.

1. (2). Côtés du pronotum et connexivum dilatés, foliacés et divisés en lobes aigus. Corps, pattes et antennes hérissés d'épines longues et minces. (Cuisses minces avec six arètes épineuses. Angles postérieurs du pronotum longuement prolongés en arrière en lobe aigu, foliacé. Connexivum fortement et obliquement relevé. Deuxième et troisième articles des antennes très grêles, cylindriques, le troisième deux fois plus long que le deuxième).

PHYLLOMORPHA.

2. (1). Côtés du pronotum et connexivum non dilatés en lobes foliacés. Pas de longues épines grêles. Pattes et antennes plus épaisses.

3. (8). Tubercule antennifère terminé en dehors par une pointe aiguë. (Cuisses mutiques).

4. (5). Angles postérieurs du pronotum prolongés en arrière en pointe aiguë de chaque côté de l'écusson ; celui-ci caréné et relevé au sommet. Côtés du pronotum épineux. Deuxième article des antennes plus long que le troisième.

CENTROCARENUS.

5. (4). Angles postérieurs du pronotum effacés, non prolongés en pointe de chaque côté de l'écusson. Côtés du pronotum mutiques.

6. (7). Écusson caréné de chaque côté et fovéolé à la base. Deuxième article des antennes beaucoup plus court que le troisième.

SPATHOCERA.

7. (6). Écusson plan. Deuxième article des antennes à peu près de la même longueur que le troisième.

ENOPLOPS.

8. (3). Tubercule antennifère obtus, sans dent au côté antéro-externe (Écusson plan, non caréné ni fovéolé. Deuxième et troisième articles des antennes subégaux).

9. (10). Tubercule antennifère avec une épine aiguë au côté interne de la base de chaque antenne. Deuxième article des antennes presque cylindrique. Cuisses avec deux lignes de petites dents.

SYROMASTES.

10. (9). Tubercule antennifère mutique en-dedans. Cuisses mutiques. Les trois premiers articles des antennes en prisme à trois fortes arètes.

11. (12). Clypeus en pointe aiguë. Connexivum très dilaté surtout au milieu. Joues non visibles d'en haut.

VERLUSIA.

12. (11). Clypeus obtus. Connexivum peu dilaté et régulièrement. Joues bien visibles d'en haut et plus avancées que les tubercules antennifères.

GONOCERUS.

PHYLLOMORPHA. *Lap.*

1. P. LACINIATA. *Vill.* (*Paradoxa. Wolf. histrix. Latr. erinacea. H-S*). — Insecte de forme bizarre, d'un flave très pâle, varié de brun, quelquefois rougeâtre; hérissé sur le corps, surtout les marges, les pattes et antennes de longues épines, les unes pâles, les autres noirâtres. Antennes flaves, grêles, le premier article fortement épineux, le deuxième avec trois ou quatre épines, le troisième mutique excepté à l'extrémité qui a deux épines, le quatrième petit, oblong, noirâtre. Tête plus ou moins brune ainsi que la partie antérieure du pronotum. Celui-ci avec une large expansion parcheminée, anguleuse, latéralement ; bord latéral antérieur largement sinué, angle postérieur prolongé en arrière. Corie étroite, vitrée comme la membrane. Connexivum dilaté en grands segments foliacés, anguleux et épineux, le lobe moyen le plus grand, chacun de ces lobes avec une bande brune à son bord antérieur.— L. 8-10.

Rare, Midi de la France, ne paraît pas dépasser Paris : Pyrénées, Landes, Tulle, Lyon, vallée de la Loire.

Obs. La *P. algirica Luc.* ne paraît qu'une variété un peu plus rougeâtre de cette espèce.

La *P. lacerata H-S.*, dont je n'ai encore vu qu'un exemplaire de Syrie dans la collection Bellevoye, est bien distincte par le deuxième article des antennes et la base des tibias mutiques, les lobes du connexivum plus grands, plus aigus, avec une bande noire au milieu et non en avant, les angles postérieurs du pronotum moins prolongés et le bord latéral antérieur moins sinué.

CENTROCARENUS. *Fieb.*

1. C. Spiniger. *Fab.* — D'un flave jaunâtre, plus ou moins varié de brun, fortement ponctué et granulé. Antennes longues, rousses, le dernier article noir, le premier, épais, avec une épine à l'angle autéro-externe qui manque quelquefois. Tête avec deux lignes d'épines en-dessus. Pronotum inégal, tuberculeux, dilaté en angle latéralement, cet angle latéral échancré et dédoublé en deux angles; bord latéral antérieur denticulé; angle postérieur prolongé de chaque côté de l'écusson, celui-ci caréné, à sommet flave. Cories variées de brun; ure tâche blanchâtre au milieu du bord postérieur. Membrane noirâtre. Connexivum dilaté, débordant les cories, chaque segment avec une bande brune et une bande flave. Métasternum canaliculé, cuisses maculées de brun.— L. 9-11.

   Espèce méridionale : Provence, Languedoc, Lyon, La Rochelle, Corse, etc.

SPATHOCERA. *Stein.*

(Atractus. *Lap.*)

1. (2). Troisième article des antennes spatuliforme, graduellement dilaté et aplati depuis la base jusqu'à l'extrémité, qui est tronquée en arc, noir sur les trois quarts apicaux.

   1. S. Laticornis. *Schill.* — En ovale allongé, atténué en avant, d'un fauve roussâtre, ponctué, glabre, opaque. Tête granuleuse en-dessus, épineuse en avant. Disque du pronotum avec trois carènes non prolongées en arrière sur la partie convexe, bord postérieur presque droit. Connexivum large, relevé, sans reliefs en-dessus. Pattes brunes, maculées de flave.— L. 6 $^1/_2$.

      Très rare : Lyon, Landes, Provence, Haute-Marne.

2. (1). Troisième article des antennes, subcylindrique, dilaté seulement à partir du cinquième apical, qui est noir.

3. (4). Carènes juxta-médianes du pronotum abruptement terminées bien avant le bord antérieur et non prolongées en arrière sur la voussure. Pattes brunes, cuisses maculées, tibias subannelés de blanchâtre.

2. S. Dalmanni. *Schill. Hah.*— D'un brun roux foncé, bords latéraux du pronotum blanchâtres. Tête épineuse en avant et avec deux lignes d'épines plus courtes sur sa surface. Pronotum avec une carène médiane visible seulement en avant et de chaque côté de celle-ci une carène raccourcie en avant et non prolongée en arrière sur la partie convexe ; angle postérieur très peu saillant de chaque côté de l'écusson. Connexivum à surface dorsale un peu inégale, à reliefs très peu apparents. Premier article des antennes à arètes peu vives, à peine aussi long que le deuxième.— L. 6.

Assez rare : Nord, Vosges, Yonne, Orléans, Lyon, Bordeaux.

4. (3). Carènes juxta-médianes du pronotum prolongées en avant jusqu'au bord antérieur, et en arrière par dessus la voussure presque jusqu'au bord postérieur. Pattes flaves, cuisses avec de fines lignes longitudinales brunes.

3. S. Lobata. *H-S.* — Très voisine de la précédente, d'une couleur plus pâle, plus jaunâtre avec la bordure du pronotum moins apparente. Tête plus longue, yeux moins saillants ; antennes plus longues dans tous leurs articles, le premier à arètes très fortes, plus long que le deuxième ; reliefs du connexivum plus saillants ; angle postérieur du pronotum un peu plus prolongé et plus auriculé de chaque côté de l'écusson ; pronotum moins brusquement élargi aux épaules. — L. 6 $^1/_2$.

Rare : Marseille, Lyon, Landes, Yonne, Corse. Espèce plus méridionale que la précédente.

ENOPLOPS. *Am. S.*

1. E. Scapha. *Fab.* — Brune en-dessus, les côtés du pronotum et ceux des cories à la base étroitement flaves. Connexivum débordant les cories, chaque segment avec une tache flave. Antennes à premier article très épais, brun en-dessus, le deuxième et la base du troisième roux, le troisième comprimé et un peu dilaté graduellement depuis la base jusqu'à l'extrémité, noir sur sa seconde moitié ainsi que le quatrième qui est ovalaire. Tête carrée, les

tubercules antennifères avec une épine flave, dirigée en avant. Pronotum très élargi en arrière, angle latéral échancré ; bord postérieur droit devant l'écusson qui n'est pas caréné. Dessous du corps et pattes flaves ponctués de noir. — L. 12-13.

Toute la France, sans être commun : au pied des plantes sur les coteaux secs.

Obs. Le *E. Cornuta. H-S.* d'Espagne en est extrêmement voisin, mais en diffère par le troisième article des antennes entièrement fauve et nullement dilaté. — L'*E. bos. Dohrn* (*Cornutus. Mls.*) est plus grand, a le troisième article des antennes comme le *Cornutus*, mais l'épine du tubercule antennifère est très grande et recourbée en-dehors comme une corne.

SYROMASTES. *Latr.*

1. S. Marginatus. *Lin.* — Couleur tabac en-dessus, à ponctuation tuberculeuse brune et dense, formant souvent des taches vagues sur les cories. Connexivum avec une tache jaunâtre peu apparente sur chaque segment ; pointe extrême de l'écusson flave ; dos de l'abdomen rouge avec la base noire ; dessous du corps et pattes plus pâles que le dessus, marbrés de brun. Deuxième et troisième articles des antennes fauves. Angle latéral du pronotum saillant, les côtés de l'angle un peu arrondis, son sommet obtus. — L. 13-14.

Commun dans toute la France, sur les buissons et les plantes les plus diverses.

Var. Fundator. H-S. (*Longicornis. Costa*).—Antennes plus longues, angle latéral du pronotum plus avancé, son sommet aigu et ses côtés droits.— Variété méridionale qui se trouve en Espagne, Italie, Russie, etc. ; il est probable qu'on la trouvera dans le Midi de la France.

VERLUSIA. *Spin.*

1. (2). Abdomen rhomboïdal. Bec atteignant le bord antérieur des hanches postérieures. Dernier segment génital bifide chez la femelle. Couleur jaunâtre. Cuisses flaves avec une fine ligne longitudinale noire en-dessous.

1. V. Rhombea. *Lin.*— Jaunâtre en-dessus, à points bruns plus ou moins serrés et formant par leur réunion quelques taches vagues, dessous du corps et pattes flaves. Premier article des antennes ponctué de brun et plan en-dessus, les deuxième et troisième fauves, le quatrième noir. Côtés du pronotum flaves et finement crénelés, angle latéral très avancé en-dehors et aigu ; connexivum fortement et régulièrement dilaté jusqu'au milieu où il se rétrécit de même jusqu'en arrière, ce qui forme au milieu un angle droit et donne à l'abdomen la forme rhomboïdale. Dos de l'abdomen jaune, la base noire avec quelques taches noires sur les autres segments.— L. 10.

Var. Sinuata. Fieb. Angle latéral du pronotum terminé par une pointe plus aiguë ; connexivum plus dilaté, l'angle du milieu plus aigu, chaque segment après cet angle plus sinué et terminé en arrière par une petite dent plus aiguë.

Toute la France, plus commune dans le Midi que dans le Nord ; la variété seulement dans le Midi et la Corse.

2. (1). Abdomen ovalaire. Bec atteignant le bord antérieur des hanches intermédiaires. Dernier segment génital entier chez la femelle. Couleur rouge, cuisses flaves sans ligne noire (*S-G. Haploprocta. Stål*).

2. V. Sulcicornis. *Fab.* (*Rotundipennis Spin.*).— D'un rouge flavescent en-dessus avec des points plus foncés formant sur la corie de petites taches peu apparentes. Premier article des antennes légèrement sillonné en-dessus. Pronotum à côtés très finement crénelés et flaves ; angle latéral très saillant et aigu. Connexivum dilaté en courbe ovalaire. Dos de l'abdomen rouge avec la base noire. Dessous du corps et pattes flaves. — L. 10-11.

France moyenne et surtout méridionale ; ne paraît pas se trouver au Nord de Paris.

La *V. Sinuata. Mls. nec Fieb.* ne diffère en rien de cette espèce.

GONOCERUS. *Latr.*

1. (4). Deuxième et troisième articles des antennes d'épaisseur et de couleur presque uniformes sur toute leur longueur. Pronotum sans lignes latérales et médiane noires. Extrémité de l'écusson concolore.

2. (3). Angle latéral du pronotum large, peu aigu, horizontalement étendu. Abdomen plus large que le pronotum. Connexivum large, ponctué de noir en-dessus.

1. G. Venator. *Fab.*— Roux flave plus ou moins foncé, ponctué de brun en-dessus ; dos de l'abdomen jaunâtre, le premier segment et les côtés des deux suivants noirs. — L. 12-14.

Toute la France, sur différents arbustes.

Obs. J'ai pris à l'Escorial un exemplaire de cette espèce (Var. *Acutangulus*) qui est presque aussi étroit que l'*Insidiator* et a les angles latéraux du pronotum très-aigus et relevés comme chez ce dernier, mais le connexivum ponctué de noir oblige à le rapporter au *Venator*. C'est une modification analogue à celles que nous avons déjà vues dans les Syromastes marginatus et Verlusia rhombea.

3. (2). Angle latéral du pronotum très aigu, pointu et fortement relevé. Abdomen moins large que le pronotum. Connexivum étroit, presque entièrement caché par les cories ; flave sans points noirs en-dessus.

2. G. Insidiator. *Fab.*— Ordinairement d'un roux violacé, quelquefois d'un flave grisâtre en-dessus. D'un flave très pâle en-dessous. Dessus du corps à points noirs assez serrés. Bord externe des cories étroitement flave à la base. Dos de l'abdomen jaunâtre avec une bande noire de chaque côté. Plus étroit que le précédent. — L. 12-13.

Beaucoup plus rare et plus méridional que le précédent ; ne dépasse peut-être pas Lyon vers le Nord, plus commun en Corse.

En Provence, sur le Lentisque, dans les Landes, sur l'Arbutus unedo.

4. (1). Deuxième et troisième articles des antennes comprimés, plus larges et plus bruns dans leur seconde moitié qu'à la base. Pronotum avec une ligne noire le long du bord latéral antérieur et une autre médiane sur sa première moitié. Extrémité de l'écusson noire (connexivum étroit, flave, sans points noirs en-dessus).

3. G. Juniperi. *H-S.*— Forme de l'*Insidiator*, connexivum et angle latéral du pronotum de même conformation. Dessus du corps varié

de flave, de rougeâtre et de noirâtre, ponctué de noir. Dessous du corps et pattes d'un flave verdâtre pâle. Bord externe des cories étroitement blanchâtre depuis la base jusqu'au milieu, cette ligne blanchâtre étroitement et vaguement bordée de noir en-dedans. Angle latéral du pronotum le plus souvent un peu rembruni. Dos de l'abdomen noir avec une large bande médiane jaune ainsi que le dernier segment en entier.— L. 11-12.

Presque toute la France sur les *Juniperus;* paraît manquer au Nord de Paris.

Div. 2.— COREARIA.

TABLEAU DES GENRES.

1. (8). Fémurs postérieurs avec une seule épine bien distincte (Hanches postérieures distantes. Angle postérieur du pronotum non prolongé en arrière en pointe aiguë de chaque côté de l'écusson).

2. (7). Deuxième article des antennes plus court que la moitié du troisième, ces deux articles plus grêles que le premier et le quatrième.

3. (4). Côtés du pronotum avec des épines ou tubercules dentiformes. Tête et pronotum chargés de tubercules saillants. Hanches antérieures du mâle armées d'une épine en arrière (Bec atteignant les hanches intermédiaires, métasternum large, non sillonné).

PSEUDOPHLÆUS.

4. (3). Côtés du pronotum mutique. Tête et pronotum non tuberculeux. Hanches antérieures mutiques dans les deux sexes.

5. (6). Quatrième article des antennes ovoïde, beaucoup plus court que le troisième. Angle latéral du pronotum largement arrondi.

BATHYSOLEN.

6. (5). Quatrième article des antennes oblong, aussi long que le troisième. Angle latéral du pronotum plus aigu.

ARENOCORIS.

7. (2). Deuxième et troisième articles des antennes épais, à peu près d'égale longueur, le quatrième oblong, aussi long que le troisième. (Bord latéral du pronotum non denté, mais cependant finement crénelé, vu à une forte loupe. Premier article des antennes graduellement rétréci à partir du milieu vers la base).

NEMOCORIS.

8. (1) Fémurs postérieurs armés près de l'extrémité d'un groupe de plusieurs épines bien distinctes.

9. (10). Hanches postérieures contiguës (Deuxième et troisième article des antennes subégaux en longueur, grêles (ou un peu épais dans le lividus); angles postérieurs du pronotum non prolongés en pointe. Côtés du pronotum finement denticulés en avant seulement).

CERALEPTUS.

10. (9). Hanches postérieures distantes.

11. (14). Angles postérieurs du pronotum non prolongés en arrière en une pointe aiguë de chaque côté de l'écusson.

12. (13). Cuisses antérieures mutiques. Metasternum convexe, non sillonné si ce n'est un peu en avant. Tibias postérieurs réguliers. Quatrième article des antennes plus court que le troisième.

BOTHROSTETHUS. (1).

13 (12). Cuisses antérieures épineuses ; métasternum sillonné ; tibias postérieurs légèrement arqués à la base, plus minces à la base et à l'extrémité qu'au milieu ; quatrième article des antennes plus long que le troisième.

LOXOCNEMIS.

14. (11). Angles postérieurs du pronotum prolongés en arrière en une pointe aiguë de chaque côté de l'écusson. Bords latéraux du pronotum entièrement et régulièrement garnis d'épines terminées par un poil. Toutes les cuisses épineuses ; métasternum sillonné.

(1) Le *Bothrostethus elevatus* par ses antennes non épineuses, à articles 2 et 3 grêles et à deuxième article plus court que le troisième pourrait former un genre distinct si on voulait émietter encore plus les coupes déjà si nombreuses de cette famille. Mais alors il faudrait aussi séparer le *Ceraleptus lividus* qui diffère de ses congénéres par une modification analogue dans l'épaisseur des antennes ; enfin le *Bothrostethus luteus* devrait encore former un autre genre.

15. (16). Deuxième et troisième articles des antennes épais et à peu près d'égale longueur, le quatrième pas plus épais et un peu plus court que le troisième.

Coreus.

16. (15). Deuxième et troisième articles des antennes grêles, le deuxième moins long que la moitié du troisième, le quatrième allongé, très épais, aussi long que les deuxième et troisième réunis.

Strobilotoma.

PSEUDOPHLÆUS. *Burm.*

1. (2). Écusson caréné au milieu dans toute sa longueur. Tubercule antennifère obtus, recourbé en dedans. Troisième article des antennes très grêle, entièrement flave et à peine plus épais à l'extrémité qu'à la base.

1. P. Fallenii. *Schill.* — D'un livide grisâtre, opaque ; tête et pronotum à aspérités granuleuses, celui-ci à courtes épines au bord antérieur; angle latéral dilaté, largement arrondi ; disque avec un large sillon longitudinal. Écusson rebordé sur les côtés. Membrane enfumée, les nervures avec quelques points et traits noirs. Connexivum marbré de brun. Antennes à premier article court, épais, scabre, les deuxième et troisième flaves, grêles, le troisième trois à quatre fois aussi long que le deuxième. Dessous du corps et pattes obscurément marbrés de brun et de livide. — L. 6-6 $^1/_2$.

Toute la France, peu commun, dans les endroits secs, sablonneux, au pied des plantes basses, surtout sous les *Erodium.*

2. (1). Écusson caréné au milieu, à l'extrême sommet seulement. Tubercule antennifère pointu, dirigé en avant et un peu en dehors. Troisième article des antennes notablement plus épais vers l'extrémité qui est noire.

2. P. Waltlii. *H.-S.* (*Hispanus. Ramb. Auriculatus. Fieb.*). — Noirâtre ou grisâtre en-dessus ; diffère du précédent par sa taille un peu plus grande, les antennes, la tête et la partie antérieure du pronotum à épines beaucoup plus fortes et plus longues, le sillon du pronotum moins apparent les angles latéraux plus auri-

culés et finement crénelés et surtout les caractères déjà indiqués ci-dessus. — L. 7.

Toute la France et la Corse, peu commun.

Obs. D'après Fieber le *P. Waltlii* aurait le troisième article des antennes trois fois et l'*Auriculatus* trois fois et demi plus long que le deuxième article ; le *Waltlii* aurait en outre les angles latéraux du pronotum moins auriculés. D'après de nombreux exemplaires des localités les plus diverses de la collection Signoret et de la mienne, la proportion entre les longueurs des deuxième et troisième articles des antennes, mesurés au micromètre, varie dans cette espèce de trois à quatre fois et demie la longueur du deuxième et même cinq fois dans un exemplaire de Chypre qui ne diffère en rien autre de ceux de France. L'exemplaire typique du *Waltlii* de Fieber a le troisième article quatre fois plus long que le deuxième et si les angles postérieurs paraissent légèrement moins auriculés ce n'est que par accident ou atrophie. Je n'hésite donc pas à réunir ces deux espèces.

BATHYSOLEN. *Fieb.*

1. B. Nubilus. *Fall.* — D'un grisâtre livide plus ou moins foncé, glabre, opaque, fortement ponctué ; tête et pronotum tuberculeux, sans épines ; tubercule antennifère obtus ; antennes à troisième article assez grêle, trois fois plus long que le deuxième, le quatrième noir, ovalaire. Pronotum superficiellement sillonné sur son disque, les côtés droits, imperceptiblement crénelés, blanchâtres, angle latéral peu avancé, arrondi, bord postérieur droit. Écusson rebordé sur les côtés, un peu excavé à la base, le sommet un peu relevé et blanchâtre. Membrane grise à nervures brunes. Connexivum débordant les cories, chaque segment avec une bande plus pâle, peu apparente. Pattes confusément marbrées de flave. — L. 6.

Assez rare : Paris, Yonne, Vosges, Metz, Lyon, Grande-Chartreuse, Alpes, Marseille, Languedoc, Landes, etc.

ARENOCORIS. *Hahn.*

1. A. Spinipes. *Fall.* — D'un rouge ferrugineux opaque, ponctué, sans longues soies. Antennes courtes et robustes, non hispides,

les deuxième et troisième articles roux, plus épais que dans les genres précédents, le troisième deux fois aussi long que le deuxième, le quatrième noir, aussi long et plus épais que le troisième. Tête tuberculeuse, tubercule antennifère à pointe un peu recourbée en dedans. Pronotum ponctué, finement tuberculeux et rugueux, sans relief sur son disque, les côtés relevés, flaves, très finement crénelés, l'angle antérieur prolongé en pointe aiguë en avant, angle latéral un peu avancé avec une très faible sinuosité en arrière. Écusson ponctué, plan, la pointe blanchâtre. Membrane enfumée avec quelques points plus pâles et les nervures brunes. Connexivum obscurément annelé. Ventre roux un peu marbré de brun. Cuisses brunes, légèrement variées de roux, tibias d'un fauve uniforme. — L. 8-9.

Je n'en connais qu'un exemplaire français que j'ai pris à Gérardmer (Vosges). — Moins rare en Suède et en Allemagne.

NEMOCORIS. *Sahlb.*

Aoplochilus. *Fieb.*

1. N. Fallenii. *Sahlb.* (*Maculatus. Stein. Marginatus. Fieb.*)— Ovalaire déprimé en dessus, d'un noir brun plus ou moins foncé, opaque. Antennes entièrement noires, un peu hispides surtout sur les deux derniers articles, les trois derniers de longueur presque égale, les deuxième et troisième aussi épais que le quatrième; tête ponctuée, tuberculeuse, une fine ligne jaunâtre longitudinale sur son milieu, tubercule antennifère obtus un peu incourbé en dedans. Pronotum ponctué, rugueux, les côtés droits avec une bordure blanchâtre; l'angle antérieur prolongé en pointe en avant. Écusson plan, ponctué, l'extrême sommet blanchâtre. Bord externe de la corie blanchâtre à la base. Membrane noire (maculée de blanc selon Stein, ce qui n'existe pas dans les exemplaires que j'ai vus). Dessous du corps livide, ventre avec des points noirs formant souvent deux bandes longitudinales. Pattes livides, les cuisses antérieures et intermédiaires en grande partie noires, les postérieures noires sur leur moitié apicale, sommet des tibias et tarses noirâtres. — L. 9.

Extrêmement rare; je n'en ai vu que cinq exemplaires provenant de Paris, Rouen, Nogent-le-Roy, Dijon et Strasbourg.

CERALEPTUS. *Costa.*

1. (2). Tubercule antennifère prolongé en un crochet recourbé en dedans autour de la base de l'antenne. Côtés du pronotum sinués ; l'angle antérieur longuement prolongé en avant et formant un angle aigu et séparé du cou. Cuisses intermédiaires avec une petite épine près du sommet. (Deuxième et troisième articles des antennes grêles, entièrement roux).

1. C. Gracilicornis. *H.-S.* — Oblong, d'un gris brun ; ponctué de noir en-dessus, opaque; tête et partie antérieure du pronotum vaguement linéolés de flavescent. Côtés du pronotum finement denticulés surtout en avant. Écusson plan, ponctué, sa pointe blanchâtre. Bord externe de la corie un peu flave à la base. Membrane noirâtre. Connexivum brun avec une bande flave à la base de chaque segment. Dessous du corps livide à points noirs épars, mais formant quelque taches sur le ventre. Pattes flaves, cuisses ponctuées de noir, presque entièrement noires à leur moitié apicale en-dessus, tibias avec la base et l'extrémité noires. — L. 10-11.

France méridionale, plus rare dans la France moyenne : Provence, Landes, Pyrénées, Lyon, Tulle, Yonne, Vosges, etc.

2. (1). Tubercule antennifère tronqué, non courbé en crochet. Côtés du pronotum droits, non sinués ; angle antérieur non prolongé en angle aigu. Cuisses intermédiaires ordinairement mutiques.

3. (4). Antennes presque glabres, les deuxième et troisième articles grêles, entièrement roux ; le premier article roussâtre ponctué de noir. Tibias postérieurs avec une ligne de poils très courts, spiniformes.

2. C. Squalidus. *Costa.* (*Leptocerus. Fieb. Bellieri. Sign.*) — D'un flave grisâtre ponctué de brun en-dessus ; tête et devant du pronotum très vaguement linéolés de brun. Côtés du pronotum très finement denticulés en avant, l'angle antérieur obtus, arrondi, non marqué par un denticule plus fort. Bord externe de la corie flave à la base ainsi que la pointe de l'écusson. Membrane brunâtre. Connexivum grisâtre avec une bande flave à la base de chaque segment. Dessous du corps, et pattes d'un flave livide, parcimonieusement marqués de points bruns ; les cuisses postérieures noires au tiers apical en-dessus. — 10-11.

France méridionale : Provence, Marseille, Landes, Collioure, Tarn-et-Garonne, Corse, etc.

4. (3). Antennes assez longuement poilues ; les deuxième et troisième articles assez épais, le troisième noirâtre à sa moitié apicale qui est aussi épaisse que le quatrièm ; premier article rouge non ponctué de noir. Tibias postérieurs avec une range de longs poils mous, flaves.

3. C. Lividus. *Stein.* (*Squalidus. Fieb.*). — D'un flave livide assez pâle, à points à peine plus foncés en-dessus. Tête vaguement linéolée de brun. Pronotum avec une ligne noirâtre vague le long des côtés ; ceux-ci assez fortement denticulés en avant et l'angle antérieur marqué par un denticule un peu plus fort que les autres et dirigé en dehors· Pointe de l'écusson blanchâtre. Connexivum presque entièrement flave, l'angle postérieur de chaque segment légèrement plus brun. Dessous du corps et pattes d'un flave très pâle, cuisses postérieures un peu rembrunies à l'extrémité en-dessus. Tête et pronotum moins larges et plus allongés que dans l'espèce précédente. — L. 10.

Rare ; s'étend beaucoup plus au nord que les précédents, sans manquer dans le Midi : Provence, Avignon, Bourges, Lyon, Rouen, Vosges, Nord.

BOTHROSTETHUS. *Fieb.*

1. (2). Antennes longuement sétuleuses ; les articles deux et trois épais, aussi larges que le quatrième, le troisième à peine plus long que le deuxième ; le premier avec quatre ou cinq grosses épines au côté externe. Angle latéral du pronotum terminé par une forte pointe aiguë.

1. B. Denticulatus. *Scop.* (*Dentator. Hahn.*). — Noir opaque, quelquefois d'un brun jaunâtre, fortement ponctué et rugueux. Antennes épaisses, scabres et hispides (excepté le quatrième article) ; le premier article à fortes épines terminées par une soie. Tête à courtes épines ; tubercule antennifère en pointe un peu incourbée, obtuse. Pronotum avec une fossette superficielle, chargée d'épines, au milieu de sa partie antérieure ; ces épines noires même chez les exemplaires jaunâtres ; bord latéral avec des épines noires terminées par une soie, sur sa partie antérieure.

Écusson avec une petite fossette à la base, sa pointe extrême blanche. Connexivum avec une tache flave à chaque segment, Pattes hispides, tibias flaves, la base, l'extrémité et un anneau au milieu noirs. — L. 9-10.

Espèce méridionale : Marseille, Avignon, Collioure, Ardèche, Lyon, Dijon, île d'Oléron, Corse.

2. (1) Antennes courtement et à peine sétuleuses, les deuxième et troisième articles grêles, le troisième presque une fois et demie aussi long que le deuxième, le premier sans épines. Angle latéral du pronotum large et largement arrondi.

2. B. Elevatus. *Fieb.* — D'un gris roux, à points tuberculeux, à peine hispide ; les deuxième et troisième articles des antennes roux. Tête à épines disposées en deux lignes en dessus ; tubercule antennifère à pointe aiguë dirigée en avant et un peu en dehors. Pronotum hérissé de courts tubercules épineux concolores, excepté sur une fossette médiane superficielle après le bord antérieur, où ils sont noirs ; les côtés épineux à leur tiers antérieur. Côte externe et nervure principale des élytres avec quelques petites taches brunes; membrane enfumée avec des traits bruns, interrompus, sur les nervures. Pointe extrême de l'écusson blanche. Connexivum vaguement annelé de flave. Dessous du corps et pattes jaunâtres plus ou moins ponctués et marbrés de flaves. — L. 11.

Très rare ; Sisteron, Avignon, Marseille.

LOXOCNEMIS. *Fieb.*

1. L. Dentator. *Fab.* (*Alternans. H. S.*)— D'un noir mat, souvent en entier ou en partie d'un brun jaunâtre, hérissé sur le corps, les pattes et les antennes de longs poils, mous, grisâtres. Antennes courtes et épaisses, densement hispides, les deuxième et troisième articles subégaux, le quatrième plus long que le troisième. Tête avec une ligne longitudinale jaune en arrière ; tubercule antennifère avancé en pointe aiguë. Partie antérieure du disque et des côtés du pronotum à épines terminées par une longue soie ; angle latéral terminé par une forte épine. Chaque segment du connexivum avec une large bande flave en avant. Dessous du corps d'un flave livide pâle, gorge et milieu de la poitrine avec

une ligne noire. Cuisses brunes, plus ou moins marbrées de roux, tibias roux. — L. 9.

Espèce méridionale : Provence, Languedoc, Corse.

COREUS. *Fab. Fieb.*

DASYCORIS. *Dall. Stål.*

1. (2) Antennes et pattes à poils rares, courts et couchés. Tête granuleuse, sans tubercules spiniformes. (Dos de l'abdomen presque entièrement noir.).

1. C. SCABRICORNIS. *Pz.* (*Pilicornis. Flor*). — Forme et taille du *C. Hirticornis*, brunâtre à poils courts. Antennes scabres, à poils noirâtres couchés, le premier article finement denticulé extérieurement ; les deuxième et troisième d'un brun roux, le quatrième noir, en massue, plus large que le précédent. Côtés du pronotum blanchâtres jusqu'à l'angle huméral, avec sept à huit épines blanchâtres assez courtes terminées par un poil noir plus court que les épines. Épine de l'angle huméral courte, dirigée transversalement en dehors. Bord externe des élytres blanchâtre à la base et finement crénelé, mais sans épines piligères. Membrane une peu enfumée, nervures en grande partie brunes. Connexivum et cuisses marbrés de testacé obscur. Dessous du corps en grande partie flave. — L. 8.

Paraît se trouver en France, surtout dans les Alpes (Digne, Grande-Chartreuse, etc.) ; j'en ai vu un exemplaire de Dax (Duverger). — Espèce bien distincte et toujours plus brune, moins rousse que les suivantes.

2. (1). Antennes et pattes à poils longs, hérissés et nombreux. Tête avec des tubercules spiniformes.

3. (8). Lames rostrales obtuses et non prolongées en pointe en avant.

4. (7). Corps assez large. Côtés du pronotum droits, non sinués avant l'angle latéral.

5. (6). Dos de l'abdomen roux, les deux premiers segments noirs.

2. C. HIRTICORNIS. *Fab.* (*Denticulatus. Mls.*).— D'un roux ferrugineux. Antennes épaisses, scabres, à poils noirs, les uns couchés, les

autres dressés, le quatrième article noir, en massue, à peine plus large et à peine aussi long que le troisième. Côtés du pronotum avec une étroite bordure blanchâtre, garnis avant l'angle latéral de huit à dix épines blanchâtres assez longues et terminées par un poil noir aussi long qu'elles ; épine de l'angle latéral assez longue et dirigée transversalement en dehors. Bord externe des élytres étroitement blanchâtre à la base et garni d'une rangée de petites épines blanchâtres terminées par un poil recourbé. Membrane légèrement enfumée, les nervures avec des traits bruns, interrompus. Connexivum et cuisses marbrés de brun. Dessous du corps auve plus ou moins ponctué de brun. — L. 8-9.

Commun dans toute la France.

6 (5) Dos de l'abdomen noir, le milieu des quatrième et cinquième segments roussâtre.

3 C. Hirsutus. *Fieb.* (*Dorsalis. Mls. Rey.*).— Très voisin du précédent et difficile à distinguer, il ne me paraît en différer que par sa couleur générale grisâtre, quelquefois flavescente, mais non rousse, par la couleur noire plus étendue du dos de l'abdomen, et par les poils plus longs, plus blanchâtres, plus nombreux surtout sur les antennes et le disque du pronotum.— L. 8-9.

Midi de la France : Avignon, Montpellier, Ile-de-Ré, Corse.

7 (4). Corps plus étroit. Côtés du pronotum sensiblement sinués avant l'angle latéral.

4. C. Pilicornis. *Burm.*— Notablement plus étroit et plus grêle que le *C. Hirticornis ;* d'un roux fauve plus clair et plus gai ; épine de l'angle latéral du pronotum dans la continuation du bord latéral antérieur et par conséquent dirigée obliquement en dehors et en arrière ; antennes à poils plus fins, plus blanchâtres et moins nombreux, le dernier article en massue plus longue et plus large ; membrane hyaline à nervures à peine marquées de quelques traits bruns ; épine des angles postérieurs des segments du connexivum plus aiguë et un peu plus relevée.— L. 7.-8.

Espèce méridionale : Var, Hérault, Bordeaux, Corse, Lyon ; ne paraît pas se trouver au Nord de cette dernière ville.

8. (3). Lames rostrales prolongées en pointe aiguë en avant et formant une sorte de bec dépassant notablement la partie antérieure de la tête.

5. C. Spinolæ. *Costa.* — Il m'est impossible de trouver un autre caractère que la forme des lames rostrales pour distinguer cette espèce de la précédente ; aussi je ne la considère que comme une variété, d'autant plus que la longueur de ces lames varie avec les exemplaires, que leur habitat est le même et enfin que pour moi un *caractère unique* pour la distinction de deux espèces n'a pas grande valeur.

Rare : Var, Corse.

STROBILOTOMA. *Fieb.*

1. S. Typhæcornis. *Fab.* — D'un brun roux plus ou moins foncé, hérissé de longs poils. Antennes scabres et hispides, le premier et le quatrième articles noirs. Tête et pronotum chargés de tubercules et d'épines sétigères ; tubercule antennifère assez aigu ; côtés du pronotum avec des épines sétigères blanchâtres, l'angle latéral avec une forte épine noirâtre transversalement dirigée en dehors. Elytres à petits tubercules et à gros points ; membrane enfumée. Connexivum roux, maculé de brun ; cuisses maculées de brun ; ventre flave avec deux bandes noirâtres plus ou moins visibles. — L. 6-7.

Espèce méridionale : Hyères, Marseille, Cette, Landes, Charente-Inférieure, Corse.

Trib. 3. ALYDINI.

TABLEAU DES GENRES.

1. (2). Cuisses postérieures mutiques. Elytres ordinairement écourtées, sans membrane. Les deux derniers articles du bec réunis plus courts que le deuxième. Ocelles en arrière des yeux. Corps linéaire ; pronotum étroit, pas plus large en arrière qu'en avant ; tête allongée, en massue, pas plus large avec les yeux que le pronotum ; yeux très distants du bord antérieur du pronotum.

Micrelytra.

2. (1). Cuisses postérieures dentées. Elytres complètes. Les deux derniers articles du bec réunis plus longs que le deuxième ou égaux. Ocelles entre les yeux ou au niveau de leur bord postérieur. Pronotum plus large en arrière qu'en avant. Tête plus ou moins triangulaire, les yeux peu éloignés du bord antérieur du pronotum.

3. (4). Tibia postérieur plus court que le fémur, arqué et terminé par un éperon. Yeux pédonculés, très saillants et tout à fait à l'arrière de la tête qui n'est pas rétréci en forme de cou.

CAMPTOPUS.

4. (3) Tibia postérieur droit, aussi long que le fémur et sans éperon à l'extrémité. Yeux sessiles, ne touchant pas le bord antérieur du pronotum ; tête un peu rétrécie en forme de cou derrière les yeux.

5. (6). Angle latéral du pronotum obtus, mutique. Sixième segment ventral entier chez la femelle. Antennes moins longues et moins grêles.

ALYDUS.

6. (5). Angle latéral du pronotum armé d'une épine aiguë. Sixième segment ventral fendu jusqu'au milieu chez la femelle. Antennes plus longues et plus grèles.

MEGALOTOMUS.

MICRELYTRA. *Lap.*

1. M. FOSSULARUM. *Rossi.* — Allongé, sublinéaire, noir brunâtre bronzé ; tête, pronotum et élytres fortement ponctués et bordés d'une ligne blanche sur les côtés. Pronotum plan, aussi large en avant qu'en arrière. Elytres écourtées, laissant à découvert les quatre derniers segments de l'abdomen. Dos de l'abdomen noir bronzé, sans gros points ; connexivum blanchâtre. Ventre livide sur les côtés et ponctué de noir. Tibias flaves avec l'extrémité noire. Antennes noires, les deuxième et troisième articles avec un large anneau blanc, le quatrième roux. — L. 9-11.

Espèce méridionale : Marseille, Montpellier, Toulouse, Landes, Tulle, Corse. — Trouvée aussi à Pornic (Loire-Inférieure), par M. Marmottan.

Forme macroptère : L'exemplaire trouvé par Jacquelin Duval, à Toulouse, et mentionné dans les Annales de la Société Ent.

1849, fait partie de la collection de M. Signoret, qui a bien voulu me le communiquer. Les élytres très grandes ne laissent à découvert que le dernier segment abdominal ; elles sont construites sur le même plan que celles des *Megalotomus*, c'est-à-dire que la membrane, qui est noire, est très grande et remonte en-dedans jusqu'à l'extrémité du clavus, tandis que l'angle postérieur de la corie se prolonge en bandelette blanche sur le bord externe de la membrane presque jusqu'à son extrémité. Le pronotum est plus large et plus convexe en arrière qu'en avant sans dépasser cependant la largeur des élytres. — Un deuxième exemplaire se trouve dans la collection Pandellé.

CAMPTOPUS. *Am. S.*

1. C. Lateralis. *Germ.* (*Geranii. Duf.*).— Allongé, étroit, finement pubescent ; d'un brun chocolat plus ou moins foncé ; tête avec une ligne longitudinale jaunâtre au milieu et quelques autres de chaque côté moins apparentes ; antennes longues et grêles, le premier article noir, les deuxième et troisième jaunes, avec la base et le sommet noirs, le quatrième noir avec l'extrême base blanchâtre. Pronotum fortement ponctué avec une ligne latérale blanche, les côtés droits, le bord antérieur un peu plus étroit que le postérieur. Pointe de l'écusson et côte externe des élytres blanches ; membrane très grande, transparente, légèrement enfumée. Connexivum annelé de noir et de jaune ; dos de l'abdomen rougeâtre avec le premier et le dernier segments noirs. Ventre flave avec deux bandes brunes. Fémurs noirs, les postérieurs très grands, renflés ; tibias jaunâtres avec l'extrémité noire.—L. 12-14.

Toute la France, mais beaucoup plus commun dans le Midi que dans le Nord.

Var. Brevipes. H-S.— Couleur plus pâle, fémurs antérieurs et intermédiaires roux, deuxième et troisième articles des antennes sans anneau noir à la base ; antennes et cuisses postérieures paraissant plus courtes.— Avec le type, mais assez rare.

ALYDUS. *Fab.*

1. A. Calcaratus. *Lin.*— Allongé, étroit, d'un brun noirâtre, hérissé de poils noirs, fortement ponctué, opaque. Antennes noires, les

deuxième et troisième articles jaunâtres, excepté au sommet qui est noir. Tête souvent avec une ligne jaunâtre sur la nuque. Pronotum droit sur les côtés, l'angle latéral non proéminent, finement marginé. Pointe de l'écusson relevée et blanchâtre. Elytres d'un brun ferrugineux à points noirs ; membrane noirâtre. Connexivum noir avec une tache flave à la base de chaque segment ; dos de l'abdomen rouge avec la base et le sommet noirs. Dessous du corps et pattes d'un noir bronzé ; tibias roux avec la base et le sommet noirs ; premier article des tarses roux avec le sommet noir. — L. 10-11.

Toute la France, sur différentes plantes, surtout sur les genêts. Quelquefois dans les nids de *Formica rufa* et *pratensis*, auxquelles ressemble beaucoup sa larve.

Obs. L'*A. Rupestris. Fieb.* des Alpes de la Suisse et du Tyrol, se trouvera peut-être dans nos Alpes françaises ; il est plus petit, moins velu, les cories ont une tache blanchâtre à l'angle postérieur dont le sommet extrême est noir ; les cuisses postérieures ont un anneau flave incomplet un peu avant le sommet ; les cotyles sont blanchâtres.— L. 7-9.

MEGALOTOMUS. *Fieb.*

1. M. Limbatus. *Klg.*— Allongé, étroit, d'un noir légèrement bronzé, opaque, à peine pubescent, rugueusement ponctué. Deux taches rousses sur la nuque. Elytres d'un noir brunâtre avec une bordure blanchâtre tout le long du bord externe de la corie. Dos de l'abdomen noir ; les segments du connexivum avec une tache flave à la base ; les trois premiers segments du ventre avec une carène longitudinale médiane blanchâtre. Tibias hispides, roux, avec l'extrémité noire. — L. 13.

Rare : Lyon et quelques autres localités méridionales. Pyrénées.

Trib. 4.— STENOCEPHALINI.

Un seul genre :

STENOCEPHALUS. *Latr.*

1. (4). Deuxième article des antennes avec un anneau noir ou brun au milieu. Membrane enfumée avec les nervures brunes et de petites taches brunes entre les nervures. Antennes et cuisses à poils couchés et peu longs.

2. (3). Bec atteignant les hanches intermédiaires. Forme allongée.

1. S. Agilis. *Scop.* (*Nugax. Fab.*). — Suballongé, opaque, dessus d'un gris plus ou moins testacé, ponctué de noir. Deuxième article des antennes avec deux anneaux flaves, ou, ce qui revient au même, avec la base, l'extrémité et un anneau au milieu noirs, la base du troisième et du quatrième article flave. Extrémité de l'écusson blanchâtre. Une petite tache blanchâtre au milieu du bord postérieur de la corie sur la suture de la membrane. Connexivum noir avec une grande tache flave, carrée, à la base de chaque segment. Dos de l'abdomen et base des ailes rouges. Dessous du corps grisâtre. Lames rostrales, bec et pattes flaves; base et extrémité des tibias, tarses, moitié apicale des cuisses intermédiaires et postérieures et les quatre cinquièmes des antérieures noirs. — L. 13.

Var. Marginicollis. Put. Côtés du pronotum plus nettement bordés de blanchâtre; anneaux flaves des antennes plus étroits; cuisses postérieures et intermédiaires flaves seulement sur le cinquième basal. — Gavarnie (Paudellé), sur les pins (peut-être accidentellement).

Commune dans toute la France, sur diverses espèces d'Euphorbes.

Obs. Le *S. Setulosus. Ferrari* est, je crois, un hybride des *S. Agilis* et *Neglectus*, ce qui est très possible, parceque ces deux espèces se rencontrent ensemble sur les mêmes plantes et le *Setulosus* présente des caractères communs à ces deux espèces. Il a un anneau au milieu du deuxième article des antennes, mais cet anneau est plus faible et brun et la membrane est tachetée comme l'*Agilis;* les poils des antennes et des pattes sont dressés et nombreux, la forme est un peu étroite et les cuisses postérieures sont noires seulement sur le tiers apical comme dans le *Neglectus;* le ventre est aussi un peu plus flave.

3. (2). Bec atteignant les hanches postérieures. Taille plus petite, forme ovalaire, plus large proportionnellement. Cuisses presque glabres en-dessus.

2. S. Medius. *Mls. R.* — Ressemble extrêmement au précédent pour l'aspect et la coloration. Il en diffère, outre les caractères déjà indiqués, par les joues et les antennes plus courtes ; le deuxième article a l'anneau brun et un peu effacé au lieu d'être noir et large ; son anneau noir apical est plus grand et occupe les deux cinquièmes au moins de la longueur de l'article ; les troisième et quatrième articles sont plus étroitement flaves à la base, les poils des pattes et des antennes sont beaucoup plus courts et plus rares. — L. 8-9.

Très rare : Lyon, Avignon, Rouen, Dax, Tarbes; sur les Euphorbes.

4. (1). Deuxième article des antennes sans anneau noir au milieu. Membrane sans petites taches brunes entre les nervures. Antennes et pattes hérissées de poils dressés, longs et nombreux.

3. S. Neglectus. *H-S.* — Ressemble extrêmement au *S. Agilis* et il n'en diffère, outre les caractères sus-indiqués, que par sa forme plus étroite et plus grêle, les cuisses postérieures noires seulement sur le tiers apical, le quatrième article des antennes roux et non noir. — L. 10-11.

Espèce plus méridionale que le *S. Agilis* et aussi commune sur les Euphorbes ; ne paraît pas dépasser Paris au Nord.

Trib. 5.— CORIZINI.

TABLEAU DES GENRES.

1. (8). Premier article des antennes court ne dépassant pas ou dépassant à peine le sommet de la tête ; quatrième article ordinairement plus long que le troisième ; tête un peu inclinée.

2. (3). Corie et clavus entièrement ponctués, opaques, non transparents, à nervures peu saillantes. Membrane noirâtre, ayant plus de quinze nervures. Coloration noire et rouge très tranchée comme dans les Lygæus (Bec dépassant l'extrémité du mesosternum; un bourrelet très lisse et très distinct un peu après le bord antérieur du pronotum. Tubercule antennifère aigu, notablement en avant des yeux).

THERAPHA.

3. (2). Corie et clavus à fortes nervures et plus ou moins vitrés et transparents entre les nervures. Membrane transparente, ayant moins de quinze nervures.

4. (7). Corps oblong. Tubercule antennifère aigu. Quatrième article des antennes un peu plus long que le troisième.

5. (6). Deuxième et troisième articles des antennes grêles. Tête plus large ou aussi large que longue les yeux compris; ceux-ci très saillants, bien séparés du bord antérieur du pronotum par un étranglement de la partie postérieure de la tête.

CORIZUS.

6. (5). Deuxième et troisième articles des antennes épais. Tête plus longue que large, les yeux compris, non rétrécie en arrière des yeux qui sont moins saillants et touchent presque le bord antérieur du pronotum. Sixième segment dorsal de la femelle tronqué droit. Bourrelet du bord antérieur du pronotum peu distinct, aplati, large et entièrement ponctué comme le disque dont il n'est séparé que par un sillon très fin. (Bec dépassant les hanches postérieures. Métapleures entièrement ponctuées, leur angle postérieur externe non saillant, obtus).

MACCEVETHUS

7. (4). Corps étroit, déprimé, parallèle. Tubercule antennifère obtus. Antenne grêles, le quatrième article un peu plus court que le troisième, renflé; le premier n'atteignant pas le sommet de la tête. (Tête subhorizontale; bec atteignant les hanches postérieures, Métapleures entièrement ponctuées, leur angle postero-externe obtus, non saillant).

AGRAPHOPUS

8. (1) Premier article des antennes dépassant notablement le sommet de la tête, le quatrième plus court que le troisième. Tête horizontale. Corps allongé, étroit, élytres vitrées entre les nervures.

9. (10). Premier article des antennes égal à la moitié de la longueur de la tête et dépassant l'épistome du tiers de sa longueur. Antennes et pattes scabres, hérissées de soies raides. Premier article du bec presque aussi long que le dessous de la tête. Premier article des tarses postérieurs, aussi long que les deuxième et troisième réunis.

MYRMUS.

10. (9). Premier article des antennes aussi long que la tête et dépassant l'épistome des trois qnarts de sa longueur. Antennes et pattes à peine pubescentes. Premier article du bec beaucoup plus court que le dessous de la tête. Corps très allongé. Premier article des tarses postérieurs beaucoup plus long que les deuxième et troisième réunis.

CHOROSOMA,

THERAPHA. *Am. S.*

1. T. HYOSCIAMI. *Lin.* — Oblong, allongé, d'un beau rouge écarlate à fine pubescence flave. Tête noire avec un grand losange rouge en-dessus. Une bande noire au bord antérieur du pronotum et de chaque côté de la base une tache noire bilobée en avant. Tiers apical de l'écusson rouge. Clavus noir; corie rouge avec deux petites taches noires près de la suture du clavus et une grande tache suborbiculaire au milieu du disque. Membrane noire. Connexivum rouge ainsi que le dos de l'abdomen excepté les deux premiers segments et le dernier qui sont noirs. Dessous du corps rouge; milieu de la poitrine noir ainsi que trois taches sur ses flancs. Ventre avec une ligne de taches noires, arrondies, de chaque côté et en outre une tache noire transverse à la base de chaque segment. Bec, antennes, hanches et pattes noirs, le troisième article des antennes, les fémurs et les tibias avec une ligne longitudinale flavescente en-dessous, peu apparente. — L. 8-10.

Commune dans toute la France sur diverses plantes.

Var. Flavicans. Put. Couleur rouge passant au jaunâtre et beaucoup plus étendue. Antennes et pattes en partie ou en totalité flaves. Poitrine et ventre sans taches noires. Corse.

Var. Nigridorsum. Put. Dos de l'abdomen noir. Tache discoïdale de la corie écourtée en dedans et dilatée au contraire en dehors ou elle forme une bande longitudinale sur les deux tiers postérieurs du bord externe.

Algérie, Portugal. — Non encore trouvée en France.

CORIZUS. *Fall. Am S.*

1. (2). Métapleures non sinuées à leur bord postérieur, leur angle postéro-externe arrondi, non saillant; leur surface à ponctuation forte et homogène sur toute leur étendue, sans sillons bien distincts. Sixième segment ventral de la femelle comprimé, tectiforme longitudinalement. Bec long, atteignant la base du ventre. Lames rostrales étroites, n'atteignant pas au delà du milieu de la tête. Bourrelet transverse du bord antérieur du pronotum aplati et entièrement ponctué. Tête plus longue, les tubercules antennifères assez éloignés des yeux et en avant d'eux. (*S. G. Rhopalus. Schill*).

1. C. Crassicornis. *Lin.* — Extrèmement variable pour la couleur qui peut être flave, rousse, grisâtre et quelquefois presque noirâtre; plus ou moins ponctué de noir en-dessus, plus ou moins, souvent à peine, pubescent. Antennes flaves, le premier article avec une ligne noire en-dessus et en-dessous, les deuxième et troisième ponctués de noir, le quatrième noir avec la base pâle. Pronotum légèrement caréné longitudinalement. Écusson rebordé jusquà l'extrémité qui est en pointe obtuse. Côtes de la corie plus ou moins ponctuées de noir, l'extrémité des nervures internes noire. Membrane hyaline. Connexivum flave, une large bande noire, transverse, sur la dernière moitié de chaque segment. Dos de l'abdomen noir, quatrième segment avec une tache flave au centre, cinquième avec deux lignes flaves convergentes en avant en V renversé, sixième noir avec deux lignes flaves. Pattes flaves ponctuées de noir, la face supérieure des cuisses intermédiaires et postérieures souvent entièrement noire; dernier article des tarses entièrement noir Ventre plus ou moins ponctué de brun et de roux. — L. 7-8.

Var. Abutilon. Rossi. Beaucoup moins ponctué de noir, couleur en général plus flave; côtes de la corie souvent sans points noirs; connexivum seulement avec un petit point noir sur chaque segment, quelquefois entièrement flave. Premier article des antennes avec une ligne noire en-dessous seulement, deuxième article ponctué de noir à la base seulement, troisième non pontué, quatrième entièrement roux. Dernier article des tarses pâle à la base. Pattes beaucoup moins ponctuées de noir.

Var. Magnicornis. Sign. (*Signoreti. Mls. R. crassicornis. Saund*) — Cinquième segment du dos de l'abdomen avec deux lignes pâles, parallèles, non convergentes en avant. Les exemplaires qui présentent ce caractère sont ordinairement mais non toujours, des mâles et un peu plus petits; ils ont tantôt la coloration du *Crassicornis*, tantôt celle de l'*abutilon*.

Espèce très commune dans toute la France dans les prairies. Les trois variétés, regardées par presque tous les auteurs comme des espèces distinctes n'ont aucun caractère constant.

2. (1). Métapleures sinuées à leur bord postérieur, leur angle postero-externe aigu et prolongé en arrière; leur surface partagée par un sillon transverse en deux portions dont l'antérieure est fortement ponctuée, la postérieure à ponctuation plus fine ou nulle. Sixième segment ventral de la femelle moins comprimé. Bec n'allant pas au-delà des hanches intermédiaires. Tête plus courte; tubercules antennifères plus rapprochés des yeux.

3. (16) Lames rostrales étroites, n'atteignant que le milieu de la longueur du dessous de la tête. Bec atteignant les hanches intermédiaires.

4. (15). Bourrelet du bord antérieur du pronotum bien formé et élevé, mais en grande partie ponctué. Abdomen peu élargi en arrière (*S. G. Corizus. Fall. Fieb.*)

5. (14). Dos de l'abdomen noir ou brun avec des taches flaves sur les trois derniers segments. Membrane sans taches noires.

6. (11). Connexivum noir ou brun avec une large bande transverse blanchâtre à la base de chaque segment. Ventre avec une bande longitudinale brune au milieu, plus ou moins apparente.

7. (8). Écusson émarginé et légèrement bifide à l'extrémité. (Pronotum sans carène longitudinale blanchâtre au milieu).

2. C. Capitatus. *Fab.* — D'un beau flave rougeâtre ou légèrement sanguin, assez longuement pubescent, à points serrés et conco-

lores. Pointe de l'écusson blanchâtre, bifide. Cories blanchâtres sur leurs deux tiers antérieurs, même les côtes; le tiers postérieur sanguinolent, côtes avec des taches noires très apparentes. Membrane vitrée, incolore. Chaque segment du connexivum avec une bande blanche et une bande noire transverses. Dos de l'abdomen noir, une tache flave, ovale, au milieu et commune aux quatrième et troisième segments; le cinquième segment avec deux taches flaves transverses, semilunaires, à son bord antérieur; le sixième flave avec une bande médiane noire. Antennes entièrement flaves. Cuisses flaves, marbrées de rouge, leur face supérieure ponctuée de noir; tibias blanchâtres avec de gros points noirs. Ventre flave avec de petites taches sanguinolentes, la ligne médiane brune.— L. 7.

Commun dans toute la France.

8. (7). Écusson entier et acuminé à l'extrémité.

9. (10). Pronotum avec une carène longitudinale blanchâtre au milieu. Membrane transparente, incolore. Dos de l'abdomen d'un brun noir à dessin flave bien limité comme dans le *Capitatus*.

3. C. Distinctus. *Sign.* (*Conspersus. Fieb. part.*).— D'un flave roussâtre vineux, assez longuement pubescent, à points concolores sur la tête et le pronotum. Antennes rousses, légèrement ponctuées de brun, le dernier article souvent plus foncé. Une fine carène longitudinale blanchâtre sur le pronotum ordinairement continuée sur l'écusson dont la pointe est blanchâtre. Cories très pâles, le bord externe et l'angle postérieur rougeâtres, les côtes très peu ponctuées de noir. Connexivum d'un brun vineux avec une bande blanchâtre, transverse, sur le tiers antérieur de chaque segment. Dos de l'abdomen d'un brun vineux, à taches comme dans le Capitatus. Cuisses marbrées de roussâtre et de flave et ponctuées de brun, tibias blanchâtres avec quelques taches rougeâtres et d'assez gros points noirs. Milieu de la poitrine noir, ventre marbré de roux et de flave; la ligne médiane et souvent une autre de chaque côté brunâtres, mal limitées.— L. 6-6 $^1/_2$.

Toute la France, mais assez rare.

10. (9). Pronotum sans carène longitudinale blanchâtre. Membrane un peu

enfumée. Dos de l'abdomen brun avec une grande tache rousse au milieu mal limitée (Extrémité de la nervure interne de la corie avec une grande tache noire).

4. C. Conspersus *Fieb. pars.* (*Guttatus. Sign.*).— Cette espèce est très voisine de la précédente. Fieber les confondait sous le même nom ainsi que le démontre sa description et même l'exemplaire typique de sa collection est un *distinctus.* Elle en diffère, outre les caractères ci-dessus indiqués, par sa taille un peu plus grande, sa couleur d'un roux plus brun et non vineux, par les côtés des cories à points noirs plus gros et plus nombreux et par les cuisses plus fortement ponctuées de noir en-dessus. — Elle est aussi extrêmement voisine du *Capitatus* et le caractère tiré de la pointe de l'écusson est souvent inconstant, cependant elle est d'un roux plus brun et moins gai ; les cuisses sont plus fortement ponctuées de noir, les côtes internes de la corie sont plus largement ponctuées de noir, la forme est un peu plus étroite — L. 7.

Paraît très rare en France : je n'en possède que deux exemplaires de Cette et un de Suisse ; aussi je ne suis pas encore très convaincu de la validité de cette espèce.

11. (6). Connexivum entièrement pâle ou avec un très petit point noir vers l'extrémité de chaque segment. Ventre entièrement pâle, sans taches.

12. (13). Côtes de la corie ponctuées de noir. Connexivum avec un point noir sur chaque segment chez le mâle. Dernier segment dorsal de l'abdomen ordinairement avec trois lignes noires. Dessous de la tête avec un trait noir.

5. C. Parumpunctatus. *Schill.*— Flave ou flave orangé, à points concolores, légèrement pubescent. Antennes flaves, légèrement ponctuées de noir. Pronotum et écusson sans carène médiane, ce dernier à sommet aigu à peine plus pâle. Côtes de la corie avec quelques petits points noirs (six-dix sur chaque élytre); membrane incolore. Connexivum flave avec un petit point noir (♂) sur chaque segment, ou entièrement flave. Dos de l'abdomen noir, une tache flave, oblongue, au milieu, commune aux troisième et quatrième segments, deux petites taches arrondies au bord anté-

rieur du cinquième et deux autres au bord postérieur externe; sixième segment flave avec trois bandes longitudinales noires, les externes écourtées. Pattes flaves à points noirs, ces points un peu en ligne et non confluents sur la face supérieure des cuisses postérieures. Un trait noir sous la tête, milieu de la poitrine noir. — L. 6 $^1/_2$-7.

Très commun dans toute la France.

13. (12). Côtes de la corie non ponctuées de noir. Connexivum sans taches noires dans les deux sexes. Dernier segment dorsal de l'abdomen ordinairement avec une seule ligne longitudinale noire; taches fauves du cinquième segment ordinairement confluentes avec celle du sixième. Dessous de la tête sans trait noir.

6. C. Rufus. *Schill.*— Extrêmement voisin du précédent dont il n'est peut-être qu'une variété *éricéticole*, en diffère, outre les caractères ci-dessus, par sa taille plus étroite et un peu plus petite, par sa couleur d'un fauve orangé plus vif et plus foncé, par son écusson moins rugueusement ponctué, à sommet plus pâle, ordinairement chargé sur le milieu de sa moitié apicale d'un commencement de carène ou relief presque lisse, par la ponctuation du pronotum plus régulière et moins rugueuse, par sa poitrine concolore où ayant au plus un trait noir de chaque côté du sillon médian. — L. 6.

Moins commun que le précédent, cependant se trouve dans une grande partie de la France, surtout sur les coteaux arides où croît la bruyère.

Var. Lepidus. Fieb.— Connexivum et ventre d'un vert pomme très pâle; tête, pronotum, écusson et poitrine d'un beau carmin rosé ainsi que le bord postérieur et l'extrémité des côtes de la corie; base de celles-ci d'un flave très pâle. Cuisses postérieures ordinairement à points noirs confluents en-dessus. — Corse, Var. J'en ai pris un exemplaire au Croisic et M. Royer m'en a donné un de Langres. J'ai trouvé dans les Landes des exemplaires qui font le passage avec le type.

14. (5). Dos de l'abdomen presqu'entièrement fauve, une étroite bordure noire le long du bord interne du connexivum. Membrane enfumée à taches ponctiformes noires. Partie externe coriacée de la corie plus

large et densement ponctuée. Un point noir au côté externe de chaque hanche.

7. . Maculatus. *Fieb.* (*Ledi. Bohn.*). — Espèce très distincte de ses congénères, outre sa coloration, par sa forme plus déprimée et ses cories à surface coriacée plus étendue, ce qui réduit la surface transparente à la moitié interne.— D'un fauve rouge, à ponctuation noire, finement pubescent. Écusson acuminé. Côtes de la corie marquées de petites taches noires ponctiformes. Connexivum avec un point noir au milieu de chaque segment près du bord externe. Dos de l'abdomen fauve, le premier segment noir ainsi que les côtés des suivants, une ligne noirâtre au milieu du sixième. Ventre avec un point noir au milieu des trois premiers segments et un autre de chaque côté sur les flancs de tous les segments, ces points forment trois lignes longitudinales.— L. 7 $^1/_2$-8.

Assez rare : Nord, Vosges, Lyon, Sisteron.

15. (4). Bourrelet du bord antérieur du pronotum fort et élevé, en grande partie lisse. Abdomen moins acuminé, élargi en-arrière et subtronqué chez la femelle. Sixième et cinquième segments dorsaux de l'abdomen avec une tache ou une ligne flave sur la ligne médiane (*S.-G. Liorhyssus. Stål*, *Colobatus. Mls. Rey.*).

8. C. Hyalinus. *Fab.* (*gracilis. H.-S. truncatus. Ramb*). — D'un flave livide ou sanguin (*Var. Sanguineus Costa*, *Victoris. Mls. R.*) à points noirs sur la tête, le pronotum et l'écusson ; les intervalles des points lisses et brillants. Tête avec quelques taches noires ; pronotum avec un sillon noir derrière le bourrelet antérieur ; bord postérieur lisse. Écusson acuminé avec les bords et la carène médiane flaves, lisses. Côtes de la corie sans points, mais leur extrémité plus ou moins noirâtre au côté interne. Connexivum entièrement pâle ou avec une tache noire au côté externe de chaque segment. Dos de l'abdomen noir, une tache flave oblongue sur le milieu du quatrième segment, suivie souvent d'une petite de chaque côté ; cinquième segment avec une bande médiane flave plus ou moins écourtée en avant et les angles postérieurs de même couleur ; sixième segment avec le bord postérieur flave et une tache médiane allongée, unie à ce bord. Base des antennes et cuisses ponctuées de noir ; ventre flave ou carminé sans taches ; milieu du mésosternum noir, lisse. — L. 6-6 $^1/_2$.

Var. nigrinus. Put. — Tête, antennes, cuisses et dos de l'abdomen entièrement noirs. Pronotum noir avec les bords postérieur et latéraux étroitement roussâtres ; écusson noir avec la pointe seule rousse. Côtes des élytres noires excepté à la base. — Aube. (M. D'Antessanty). Tarbes (Pandellé).

Espèce méridionale : Provence, Languedoc, Landes etc. J'en ai cependant trouvé un exemplaire à Remiremont en juin 1880 et M. D'Antessanty l'a pris dans l'Aube.

16. (3). Lames rostrales larges , atteignant l'extrémité du dessous de la tête. Bec court n'atteignant que le milieu du mésosternum. (Abdomen acuminé au sommet ; tête très courte ; bourrelet du bord antérieur du pronotum fort et en partie lisse (*S. G. Brachycarenus. Fieb*).

9. C. Tigrinus. *Schil.* (*Laticeps. Boh. Gemmatus. Costa*). — D'un jaune flave, ponctué, finement pubescent. Tête avec des taches noires. Pronotum avec le bourrelet antérieur noir et de petites taches noires parsemées sur son disque ; l'angle huméral avec une tache noire plus grande, arrondie. Écusson flave avec une tache noire triangulaire de chaque côté à la base. Côtes de la corie avec des taches noires nombreuses et assez grandes, surtout la côte externe. Membrane incolore. Connexivum tantôt entièrement flave , tantôt chaque segment avec une tache noire. Dos de l'abdomen noir, une tâche oblongue flave sur le milieu du quatrième segment et s'étendant sur le troisième , bord antérieur du cinquième et du sixième segments avec deux points flaves, bord postérieur du sixième flave surtout de chaque côté. Dessous du corps flave, milieu du mésosternum rosé ou brunâtre, cuisses finement ponctuées de noir. — L. 6 $^1/_2$.

Assez rare : France méridionale et moyenne jusqu'à Paris : Lorraine, Normandie, Champagne, Bourgogne, Lyon, Avignon, Corse, etc.

MACCEVETHUS. (*Am.*) *Dall.*

1. M. Errans. *Fab.* (*Corsicus. Sign.*) — Oblong , finement pubescent , fortement ponctué de points noirs ; d'un brun vineux ou d'un jaunâtre roux. Antennes ayant ordinairement le premier et

le quatrième articles noirs, souvent le deuxième noir aussi, chez le mâle surtout, quelquefois les trois premiers articles roux. Côtés du pronotum, base du bord externe de la corie, extrémité de l'écusson et connexivum d'un flave blanchâtre. Membrane transparente, incolore. Dos de l'abdomen noir avec une tache flave au milieu du quatrième segment et deux lignes longitudinales sur le sixième. Dessous du corps et pattes flaves, extrémité des cuisses plus ou moins ponctuée de noir en-dessous ; ventre ayant ordinairement chez le mâle six points noirs à la base des deuxième, troisième et quatrième segments. — L. 8-10.

Assez commun dans tout le Midi de la France et la Corse ; se trouve aussi dans les Hautes-Alpes à Briançon.

Obs. Le *M. Corsicus. Sign.* n'est qu'un petit mâle un peu plus fortement coloré de noir.

AGRAPHOPUS. *Stål.*

1. A. Lethierryi. *Stål* 1872. — Allongé et étroit, subparallèle, à pubescence fine, courte, rare; d'un flave blanchâtre, plus foncé chez le mâle, quelquefois légèremeut verdâtre, assez densement ponctué de noir sur la tête, le pronotum et l'écusson ; celui-ci avec l'extrémité arrondie, blanchâtre et les bords relevés. Pronotum en trapèze, les bords latéraux et une fine carène médiane blanchâtres. Corie avec le bord externe blanchâtre, les côtes très saillantes, rosées ou rougeâtres surtout chez le mâle, les intervalles vitrés, incolores, comme la membrane qui est grande. Connexivum flave, dos de l'abdomen noir ; le dernier segment flave avec une ligne médiane noire ou entièrement flave chez la femelle. Dessous du corps, antennes et pattes flaves, le dernier article des antennes brun. Le mâle est plus étroit que la femelle et généralement d'une teinte plus brune en-dessus. — L. 4 1/2 5 1/2.

Très rare : Avignon, Corse.

MYRMUS. *Hahn.*

1. M. Miriformis. *Fall.* — Insecte dimorphe, allongé, étroit, subparallèle chez le mâle, à abdomen un peu élargi chez la femelle. D'un flave pâle, quelquefois un peu verdâtre. Tête, pronotum

et écusson fortement ponctués de points tantôt noirs, tantôt concolores. Côtés du pronotum et des élytres avec une assez large bordure blanchâtre ; corie d'un rouge vineux en dedans de cette bordure; membrane transparente, incolore, laissant à découvert l'extrémité du dernier segment abdominal chez les exemplaires macroptères, nulle chez les brachytères dont les cories sont à peine plus longues que l'écusson. Connexivum verdâtre, dos de l'abdomen flave avec une ligne noire médiane longitudinale et ordinairement une autre de chaque côté chez le mâle. Antennes et pattes scabres, à soies courtes, brnnes, hérissées; d'un flave roux comme le dessous du corps. — L. 8-9.

Assez commun dans la France septentrionale et moyenne; paraît plus rare dans le Midi où cependant on le rencontre aussi.

CHOROSOMA. *Curtis.*

1. C. Schillingii. *Schum.* — Très allongé, linéaire, d'un flave très pâle. Antennes rousses, à pubescence courte et couchée. Tête finement ponctuée, ayant par places un duvet court, argenté. Pronotum et écusson fortement ponctués, finement carénés longitudinalement. Corie à nervures saillantes, flaves, les intervalles vitrés; membrane incolore, laissant à découvert les deux derniers segments abdominaux. Connexivum flave; dos de l'abdomen noir avec une large bande longitudinale jaunâtre au milieu. Dessous du corps et pattes flaves, extrémité des tibias et tarses noirâtres. — L. 14-16.

Assez commun dans les dunes du Nord, des Landes, de l'Hérault et du Var sur le *Calamogrostis arenaria* ; plus rare loin de la mer à Paris, Avignon, etc. ; aussi en Corse.

Famille des BERYTIDES.

Corps très étroit, linéaire, de consistance cornée. Tête plus longue que large ; vertex avec un sillon transverse et un étranglement derrière les yeux. Ocelles bien apparents. Antennes de quatre articles, très longues, filiformes, géniculées après le premier article ; celui-ci terminé par une massue et toujours considérablement plus long que la tête, souvent aussi long que la moitié du corps. Bec à quatre articles, non reçu dans un sillon sous la tête. Pronotum avec une carène au milieu et une de chaque côté. Écusson très petit, étroit, souvent épineux. Hémiélytres formées d'une corie, d'un clavus et d'une membrane ; corie avec trois côtes caréniformes, droites jusqu'à la membrane ; celle-ci avec cinq nervures longitudinales. Pattes extrêmement longues, filiformes, le sommet des cuisses en massue. Tarses à trois articles, le premier le plus long ; deux ongles simples et entre eux deux petits appendices en crochet. Poitrine sillonnée ; orifices odoriques très distincts ; quelquefois prolongés en un canal libre, corniforme, très saillant et même visible en-dessus. Abdomen à six segments non génitaux ; les trois ou quatre premiers à suture très indistincte. Segment génital en forme de pince horizontale chez le mâle, ou en triangle obtus chez la femelle.

Les genres *Neides* et *Berytus* sont dimorphes comme l'a remarqué le premier M. Reuter ; mais les exemplaires brachyptères ont la corie et la membrane aussi longues que l'abdomen et presque aussi développées que chez les macroptères ; seulement comme les ailes inférieures manquent, il en est résulté une atrophie du lobe postérieur du pronotum qui reste plan et peu élargi.

Ces insectes vivent sur certaines plantes ou sous les débris végétaux

TABLEAU DES GENRES.

1. (6). Ventre parsemé de gros points ocellés. Vertex prolongé en avant sur l'épistome en crête comprimée latéralement, ou en cône saillant. Écusson mutique (*Div.* 1. *Berytaria*).

2. (5). Orifices odorifiques non prolongés en canal libre. Vertex longuement prolongé en avant en crête comprimée latéralement, ne laissant pas apercevoir l'épistome, l'insecte étant vu en-dessus.

3. (4). Épistome relevé, libre, en forme de rostre. Bec long, allant jusqu'aux hanches intermédiaires ; le premier article aussi long que la moitié de la tête. Antennes aussi longues que le corps ; le deuxième article grèle, beaucoup plus long que la massue du premier. Cuisses postérieures atteignant l'extrémité de l'abdomen. NEÏDES.

4. (3). Épistome confondu avec la face. Bec court, n'allant que jusqu'aux hanches antérieures ; le premier article plus court que la moitié de la tête. Antennes plus courtes que le corps, le deuxième article très court, un peu épaissi, beaucoup plus court que la massue du premier article. Cuisses postérieures beaucoup plus courtes que l'abdomen. BERYTUS.

5. (2). Orifices odorifiques prolongés en dehors et ensuite un peu en arrière en un long canal libre ou appendice corniforme visible en regardant l'insecte en-dessus. Vertex avancé en cône tronqué en avant, ne couvrant pas l'épistome qui est visible en-dessus (Antennes plus longues que le corps ; deuxième article aussi long que le troisième ; cuisses postérieures atteignant l'extrémité de l'abdomen). APOPLYMUS.

6. (1). Ventre lisse, sans gros points. Vertex arrondi, sans crète ni cône faisant saillie en avant (Écusson avec une longue pointe dressée au milieu de son disque ou terminé par une épine longue et dirigée horizontalement en arrière. Bec atteignant les hanches intermédiaires). (*Div. 2. Metacantharia*).

7. (8). Premier article du bec beaucoup plus court que la tête (Épine de l'écusson apicale. Vertex très bombé, gibbeux. Pronotum avec trois tubercules en avant. Deuxième article des antennes aussi long que la moitié du premier ; celui-ci aussi long que les deux tiers du corps ; le troisième égal aux trois quarts du deuxième. Meso et metasternum largement sillonnés. Aspect des *Metatropis*). CARDOPOSTETHUS.

8. (7). Premier article du bec aussi long que la tête.

9. (12). Écusson avec une longue épine dressée sur son disque. Orifice odorifique prolongé en un canal libre ou appendice corniforme faisant

saillie en dehors entre les pattes intermédiaires et postérieures et visible en examinant l'insecte en-dessus. Deuxième article des antennes aussi long que le troisième.

10. (11). Antennes plus longues que le corps. Pronotnm très allongé, sans bourrelet antérieur ; angles antérieurs peu saillants. Extrémité de la carène médiane et épaules un peu relevées. MEGALOMERIUM.

11. (10). Antennes moins longues que le corps. Pronotum peu allongé, avec un fort bourrelet antérieur et les angles antérieurs très saillants, subappendiculés. Un très fort tubercule élevé à l'extrémité postérieure de la carène médiane ; épaules tuberculeuses. METACANTHUS.

12. (9). Écusson avec une pointe obtuse, apicale et dirigée horizontalement en arrière. Orifice odorifique ne formant pas de canal libre, corniforme. Deuxième article des antennes égal aux deux tiers du troisième.

METATROPIS.

NEÏDES. *Latr.*

1. (4). Prolongement lamellaire du vertex, vu de côté, en triangle à côtés arqués, presque horizontal sur sa tranche supérieure, arrondi en arc sur sa tranche inférieure.

2. (3). Ponctuation du pronotum peu profonde, moins visible, à fond concolore ; les intervalles des points rugueux, ne formant pas un réseau régulier. Suture de la membrane marquée de quatre points noirs.

1. N. TIPULARIUS. *Lin.* — Linéaire, d'un gris flavescent très pâle ; dernier article des antennes, extrémité des tibias, tarses, sommet de l'angle apical de la corie, noirs. Massue des cuisses et du premier article des antennes ponctuée de noir. Membrane avec une bande noirâtre chez le mâle. — L. 10.

Forme macroptère : Pronotum un peu élargi en arrière et convexe sur la partie ponctuée. Ailes de la longueur de l'abdomen.

Forme brachyptère : (*Parallelus. Fieb. depressus. Dgl. Sc.*). Pronotum plan et à côtés parallèles. Membrane plus étroite ; pas d'ailes.

Toute la France, sur diverses plantes : *Verbascum*, *Hyosciamus*, *Erodium*, etc.

3. (2). Pronotum à points très gros et forts, à fond brun ou noirâtre ; les intervalles des points formant un réseau régulier comme la surface d'un rayon de miel. Suture de la membrane non marquée de quatre points noirs.

2. N. Favosus. *Fieb.*— Ne diffère du précédent que par les caractères ci-dessus indiqués. Le seul exemplaire que je connaisse est macroptère et sa couleur est d'un flave très pâle, moins grisâtre. — L. 10.

Un seul exemplaire des Landes.

4. (2). Prolongement lamellaire du vertex en forme de bec d'oiseau de proie ou en crochet, ne dépassant pas l'épistome, arqué sur sa tranche supérieure, échancré en arc sur l'inférieure.

3. N. Aduncus. *Fieb.*— Ne diffère du *tipularius*, outre les caractères de la crète du vertex que par l'extrémité du deuxième article des antennes noire et par la massue du premier article des antennes et des cuisses à points noirs confluents en-dessous et sur les côtés et la suture de la membrane sans points noirs. La ponctuation du pronotum est intermédiaire comme force entre celle du *favosus* et celle du *tipularius*. Tous les exemplaires que j'ai vus sont macroptères. L. 10.

Espèce méridionale, rare : Corse, Provence, Tarbes, Dax.

BERYTUS. *Fab.* (1).

1. (1). Antennes hérissées de longues soies dressées, au moins sur le premier article.

1. B. Hirticornis. *Brullé* (*Ferrarii. Garb.*). — Flavescent un peu brunâtre, parallèle ; massues du premier article des antennes et des cuisses concolores ; angle apical de la corie noir. Lame du vertex, vue de côté, en triangle allongé et à côtés droits, hispides. Membrane lancéolée, acuminée à l'extrémité, les deux nervures internes non réunies après leur base ; le mâle avec deux ou trois

(1) Les espèces de ce genre, toutes de forme et de couleur à peu près semblables, sont très difficiles à classer à cause du dimorphisme ; les mâles ont en outre généralement la membrane avec des bandes noires plus ou moins apparentes ; il en résulte que beaucoup d'espèces ont été décrites sous quatre noms différents. — Je rappelle que les exemplaires brachyptères ont les élytres longues comme les macroptères et n'en diffèrent que par le pronotum plan, à côtés parallèles, l'absence d'ailes inférieures et la membrane ordinairement plus étroite. Il est inutile de répéter ces caractères à chaque espèce.

bandes noirâtres. Tous les exemplaires que j'ai vus sont macroptères. — L. 8-9.

Assez rare, mais habite une grande partie de la France : Provence, Corse, Pyrénées, Landes, Lyon, Beaune, Yonne, Pornic, Metz, Strasbourg, etc.

Obs. Le *B. Pilicornis. Flor*, de Castel-Sarrazin, d'après un dessin de Fieber fait sur l'original, est un mâle qui ne diffère du *hirticornis* que par la crête du vertex en triangle plus arrondi, moins aiguë en avant et plus séparée de l'epistome par une petite échancrure ; je crois qu'il doit être réuni au *hirticornis.*

2. (1). Antennes glabres ou très courtement poilues.

3. (6). Les deux nervures internes de la membrane non réunies un peu après leur origine (Membrane lancéolée en pointe obtuse).

4. (5). Antennes longues ; massue du premier article et des fémurs peu épaisse et concolore.

2. B. Clavipes. *Fab.* (*Stettinensis. Dohrn. longicollis. Mls. R.*).—Très allongé dans toutes ses parties, d'un jaune roux. Lame du vertex acuminée. Dernier article des antennes et des tarses seuls noirs, ainsi que l'angle apical de la corie. Membrane avec deux légères lignes noires chez le mâle. Insecte presque toujours brachyptère ; Cependant, j'en ai vu deux exemplaires femelles macroptères, longs de 9 millim., l'un de Strasbourg, l'autre de Tarbes. — L. 7-8 $^1/_4$.

Une grande partie de la France, surtout l'Est : Lille, Vosges, Jura, Isère, Aube, Lyon, Tulle, Pyrénées.

5. (4). Antennes plus courtes ; massue du premier article et des fémurs noire.

3. B. Minor. *H-S.* — De même aspect que le précédent, mais moins allongé dans toutes ses parties ; lame du vertex plus arrondie, moins acuminée ; élytres à côtes un peu plus arquées. —La forme brachyptère (*Minor. H-S. Fieberi. Dohrn, Commutatus. Dgl. Sc.*) est beaucoup plus commune que la forme macroptère (*Vittatus Fieb.*). — L. 5-6 $^1/_4$.

Commune dans le Nord et l'Est, beaucoup plus rare dans le Midi : Lille, Paris, Vosges, Jura, Lyon, etc.

Obs. Le *B. Cognatus. Fieb.* est une forme macroptère qui ne diffère du *Vittatus* que par sa lame céphalique en triangle plus acuminé au sommet; je ne la regarde pas comme distincte.

6. (3). Les deux nervures internes de la membrane réunies un peu après leur origine et formant ainsi une cellule à la base de la membrane.

7. (10). Massue du premier article des antennes et des cuisses graduellement ou peu abruptement renflée, concolore ou brune.

8. (9). Massue des fémurs ordinairement rembrunie, assez subitement renflée (quoique moins que dans Crassipes) et non fondue graduellement avec la partie non renflée qui est plus grêle que dans l'espèce suivante. Membrane avec des bandes arquées noires dans les deux sexes. Pas de point noir à l'origine de chaque nervure de la membrane.

4. B. Montivagus. *Fieb.* — D'un jaune roux, sommet de la corie noir. Massue du premier article des antennes ordinairement rembrunie. Lame du vertex un peu arrondie à l'extrémité. Pronotum un peu et graduellement élargi en arrière, son bord postérieur sinué; partie postérieure ponctuée, légèrement relevée. Membrane beaucoup plus large que la corie, très longue et largement arrondie au sommet, avec trois bandes noirâtres entières, arquées, entre les nervures; ces bandes formant par transparence avec celles de la membrane de l'autre élytre un dessin en losange. — Cette espèce est ordinairement macroptère, bien que le pronotum soit moins relevé que chez les macroptères du *minor;* cependant les exemplaires conservés dans les collections sous le nom de *geniculatus* (Fieb. inéd.), qui sont un peu plus petits et ont la membrane plus étroite et le pronotum plus déprimé peuvent être regardés comme des exemplaires subbrachyptères dont je n'ai vu que des mâles. — Long. 5 $^1/_2$-6.

Var. Rotundatus. Flor.— Marseille.— Membrane sans bandes noires; massue des cuisses et du premier article des antennes concolore.— Les exemplaires de Corse et d'Algérie ont généralement les massues concolores, avec la membrane colorée comme le type.

Une grande partie de la France, surtout dans le Midi.

9. (8). Massue des fémurs ordinairement flave, insensiblement fondue avec la partie non renflée qui est moins grêle que dons l'espèce pré-

cédente. Membrane presque sans bandes noires chez la femelle et avec des bandes seulement au sommet chez le mâle. Un point noir à l'origine de chaque nervure de la membrane.

5. B. Signoreti. *Fieb.* (*Striola. Ferr.* ♀).— Très voisin du précédent, mais paraît cependant bien distinct par la forme des fémurs. Couleur générale plus pâle ; crête du vertex un peu plus courte ; massue du premier article des antennes et des cuisses ordinairement flave. Contrairement à l'espèce précédente la forme brachyptère (*pygmæus. Leth. Reut. gracilis. Mls.*) est la plus commune; elle est souvent plus petite et a le pronotum subhorizontal, la membrane lancéolée en pointe obtuse au sommet, à nervures internes plus droites. Les exemplaires macroptères, qui sont rares, ont la membrane presque aussi grande et aussi large que le *Montivagus* , mais à bandes noires nulles ou écourtées. — L. $4^1/_2$-6.

Toute la France, mais assez rare.

10 (7). Massue du premier article des antennnes très fortement et très abruptement renflée et très noire. (membrane en pointe obtuse au sommet.

6. B. Crassipes. *H.-S.* — D'un jaune roux, extrême sommet du clavus, de l'angle postérieur de la corie et une tache ponctiforme au milieu de la base de la membrane, noirs. Crète du vertex très courte et très arrondie au sommet. Côtés du pronotum graduellement et assez fortement élargis en arrière dans les deux formes ; le disque seulement modérément relevé en arrière chez les macroptères. Elytres sensiblement arquées sur les côtés. Plus court, plus large, à pattes et antennes plus fortes et plus courtes que les espèces précédentes. — L. 5.

Paraît très rare dans notre pays ; je n'en ai vu qu'un exemplaire d'Alsace.

APOPLYMUS. *Fieb.*

1. A. Pectoralis. *Fieb.* — Linéaire, d'un gris jaunâtre pâle. Antennes et pattes extrêmement longues, filiformes, d'un blanc jaunâtre, à granules bruns, très fins, peu apparents ; massue

du premier article des antennes et des cuisses noirâtre avec l'extrémité blanchâtre ; dernier article des antennes en massue mince, noire, avec l'extrémité jaune ; sommet des tibias et des tarses noir. Dessous de la tête et de la poitrine noir. Pronotum allongé, un peu plus large en arrière, convexe et ponctué sur les deux tiers postérieurs ; carènes longitudinales peu élevées, les latérales presque effacées en arrière, la médiane terminée en pointe horizontale et recourbée en bas en arrière. Corie à côtes fines, ridée entre les côtes. Membrane plus large que la corie, laissant à découvert les deux derniers segments abdominaux, un peu rousse, fortement ridée transversalement entre les nervures qui présentent quelques traits noirs. — L. 8.

Très rare : Hyères, Lamalou, Bordeaux, Lyon, Corse.

CARDOPOSTETHUS. *Fieb.*

1. C. Annulosus. *Fieb* (*meridionalis. Mls R.*). — Rougeâtre. Tête lisse, noire en avant avec deux prolongements noirs vers les ocelles. Pronotum grossièrement ponctué ; son bord antérieur blanchâtre ; trois tubercules réunis en avant et la carène médiane rougeâtres ; celle-ci s'amoindrissant en arrière. Meso et métasternum noirs ainsi que les premiers segments ventraux. Abdomen élargi en arrière, d'un blanc jaunâtre, les côtés rougeâtres ; ventre lisse ; dos de l'abdomen noir du milieu à l'extrémité ; connexivum taché de roux. Cuisses et jambes blanchâtres, assez densement annelées de brun ; massue des cuisses avec un large anneau noir. Membrane avec une grande tâche brunâtre, pointue en avant, sur la moitié apicale. La première et la quatrième nervures avec un trait brun près de la base. L. — 5 1/2 m. (*Fieber*).

Corse. — Je ne connais cet insecte que par l'exemplaire d'Espagne, de la collection Perris, décrit par Mulsant comme *Metacanthus meridionalis*. Dans cet exemplaire les orifices odorifiques sont bien appendiculés comme dans le *Megalomerium*, mais l'épine de l'écusson est apicale et subhorizontale, les pattes et antennes sont annelées de brun et la massue des cuisses et du premier article des antennes est largement brune ; le quatrième article des antennes est en massue plus courte et surtout plus mince que dans le *M. Meridionale.*

MEGALOMERIUM. *Fieb.*

1. M. Meridionale. *Costa, nec Mls. Pallidum. Fieb.*— D'un jaunâtre très pâle. Tête avec une fine ligne noire sur les côtés depuis l'œil jusqu'au bord antérieur du pronotum et une autre en-dessous. Pronotum étroit en avant et élargi en arrière ; un sillon transverse vers le quart antérieur, précédé de deux bossettes ; la portion après ce sillon élargie, convexe, ponctuée ; trois bossettes avant le bord postérieur; carènes peu élevés. Membrane beaucoup plus large et plus longue que l'abdomen, un peu flavescente, ridée en travers. Sillon sternal noir. Ventre flave pâle (vert pâle pendant la vie), la ligne médiane ordinairement noire chez le mâle. Antennes et pattes filiformes, très longues, presque blanchâtres, avec quelques grains bruns à peine visibles. Massue du premier article des antennes et des cuisses concolore, celle du premier article beaucoup plus petite que celle des cuisses. Quatrième article des antennes en massue aussi forte que celle des cuisses, noire avec l'extrême sommet jaune. — L. 6.-9.

Corse. Sisteron. J'ai pris cette espèce en grand nombre, en juin à Sisteron, au bord des ruisseaux, sur l'*Épilobium hirsutum*. Retrouvée aux Angles, près Avignon, sur la même plante par M. Nicolas. Elle vole très agilement comme une vraie tipule.

METACANTHUS. *Costa. Fieb.*

Armanus. *Mls. R.*

1. M. Elegans. *Curt.* (*punctipes. Germ. Annulatus. Burm.*)— D'un gris jaunâtre ; tête noire, lisse. Pronotum étroit en avant et noir jusqu'au sillon transverse avec le rebord antérieur blanchâtre ; très élargi, très gibbeux et très ponctué en arrière ; trois tubercules noirs avant le bord postérieur, carènes latérales presque effacées. Membrane hyaline, dépassant l'abdomen. Poitrine en partie noire ; ventre brillant, tantôt noir, tantôt flave. Pattes et antennes plus courtes que dans les genres précédents, jaunâtres avec de nombreux anneaux bruns, souvent incomplets ; dernier article des antennes en massue épaisse, noire. — L. 4.-4 1/2.

Toute la France sur les *Ononis*.

METATROPIS. *Fieb.*

1. M. Rufescens. *H-S.* — D'un beau roux clair. Dessous de la tête et milieu de la poitrine noirâtres. Antennes et pattes blanchâtres avec de gros et nombreux points noirs ; massue du premier article des antennes et des cuisses avec un large anneau noir qui occupe presque toute leur longueur. Dernier article des antennes en massue très allongée, mince, noire avec le sommet jaune. Extrémité des tibias et des tarses noire. Pronotum élargi, gibbeux et ponctué en arrière, trois élévations concolores avant le bord postérieur, formées par les épaules et l'extrémité de la carène médiane ; carènes latérales peu apparentes. Membrane roussâtre, aussi longue que l'abdomen. — L. 9.

Paraît très rare en France : Lille, Alsace. — M. Meyer-Dur l'indique sur la *Circæa lutetiana*.

Lille Imp. L. Danel.

OUVRAGES DU MÊME AUTEUR :

		Prix franco.
1°	CATALOGUE DES HÉMIPTÈRES D'EUROPE, 2e édition, 1875.....	Fr. 4 »
2°	Id. édition sur une seule colonne pour étiquettes ou registre de notes.....................	6 »
3°	SYNOPSIS DES HÉMIPTÈRES DE FRANCE :	
	1re partie, 1878 (Lygéides)............................	3 »
	2e partie, 1879 (Tingitides, Aradides, Hydrométrides)..	3 »
	3e partie, 1880 (Reduvides, Saldides, Hydrocorises)...	3 »
	4e partie, 1881 (Pentatomides, Coreides, Berytides).....	4 50
	5e partie, *en préparation* (Capsides)....................	
4°	FAUNULE DES HÉMIPTÈRES DE BISKRA (avec Lethierry), 1 pl. col., 1875..	3 »
5°	CATALOGUE DES HÉMIPTÈRES DE L'ALSACE ET DE LA LORRAINE (avec Reiber), 1876 et 1880....................	2 »
6°	NOTES POUR SERVIR A L'HISTOIRE DES HÉMIPTÈRES, 3 cahiers avec 2 pl. col., 1873-74-75............................	4 »

S'ADRESSER DIRECTEMENT AU Dr PUTON,

à REMIREMONT (Vosges).

www.ingramcontent.com/pod-product-compliance
Ingram Content Group UK Ltd.
Pitfield, Milton Keynes, MK11 3LW, UK
UKHW020317250726
13967UKWH00004B/1766

9 782013 378444